新しい環境科学

―――――― 環境問題の基礎知識をマスターする

鈴木孝弘

駿河台出版社

まえがき（新版の発行にあたって）

　現代に生きる私たちは、地球環境問題というグローバルな課題に直面しています。そのなかの温暖化の問題は、自分には直接、関係ないと感じておられる方も多いと思います。しかし最近の記録的な猛暑と頻発する集中豪雨、竜巻の発生や台風の強大化など、いろいろな異常気象が身に染みて感じられるようになってきていないでしょうか。それによる熱中症や中国大陸から飛来するPM$_{2.5}$、アスベストなど健康リスクのある環境問題も深刻さを増してきています。他方、太陽光発電の普及や水素を燃料として二酸化炭素を一切排出しない、燃料電池車の普及拡大が促進されるなど、私たちの日常生活も変化してきています。その他、日本人の食文化に定着しているニホンウナギが絶滅の瀬戸際に追い込まれているとして、国際自然保護連合の「レッドリスト」に、絶滅危惧種として掲載されています。科学者がこれまでに特定した動物種は少なくとも190万種に上り、名前が付けられていない生物は何百万種もいるとみられていますが、現在、世界中で生物の絶滅が過去の1000倍の速さで進んでいるといわれます。

　本書は、以上のように、今や世界が直面している複雑多岐にわたる環境問題を"環境科学の視点"でとらえ、現代に生きる私たちが備えておくべき基礎知識をとりまとめたものです。内容は、古代文明と環境、公害・環境法、水、都市環境、干潟やダム、酸性雨、大気汚染、化学物質、温暖化、森林破壊、生物

多様性、ごみ処理、江戸時代のライフスタイルなどを解説して
います。おもに経済、経営、法学などの社会科学系や文学など
の人文科学系の学部生や短大生を対象とした一般教養の教科書、
また理工系の大学・高専・専門学校の教科書・参考書としても
十分役立つように化学や生物の基礎事項を盛り込み、平易に解
説しました。各章末には演習問題を設け、発展学習やレポート
の課題として利用できるように配慮してあります。大学の通年
の講義では、1〜6章を前期、7〜12章を後期（あるいは逆でも
問題ありません）に学習するようにすると、内容および分量的
に都合がいいように編集してあります。半期の講義の場合には、
各章の重要なポイントに的を絞って学習することも可能です。
環境問題の解決に取り組むことが社会全体に求められている現
在、最新の環境問題に関する基礎知識は現代人の常識としても
必須になってきていますので、「環境社会検定試験（eco 検定）
の参考書としても学生・一般社会人に役立ちます。

　さらに、この新版では『新・地球環境百科』（日本図書館協
会選定図書）のキーワードで各章に関連があるものを演習問題
の前に記載しました。発展学習に役立つように、紙数の関係で
本文中の説明が不十分だったものや、割愛した重要な環境キー
ワードをリストアップしました。インターネットによる検索で
は情報の取捨選択が難しく時間がかかりますが、『新・地球環
境百科』では環境問題の本質がわかるように丁寧に解説してあ
ります。

　ところで、環境科学や環境学関連の専門書はこれまでに数多
く出版されています。しかし、2000 年前後に刊行されたもの
が多く、データが更新されていなかったり、内容が特定の分野
に偏っていたり、たくさんの化学式が出てきたり、著者が複数

のため、それぞれの著者のスタンスの違いが出て読みにくいなど、特に文系の学生にとってはとっつきにくい点があります。そこで、本書は、これまでの大学・大学院での教育・研究経験に基づき、環境問題の全体像を平易に記述するように試みました。環境科学は、学問としてまだ発展途上にあり、新しい問題に対して未知の部分が多々あり、またその解釈も人により、また時により変化するというのが現状です。内容に誤りがないよう可能な限り注意を払いましたが、思わぬミスや勘違いがあるかもしれません。読者諸賢のご叱正、ご批判をいただければ幸いです。

　最後に、この本は2006年3月に(株)昭晃堂から発行された初版（2013年9月まで8刷（7回のデータ更新））、2014年9月に発行され日本図書館協会選定図書になった改訂2版（5回のデータ更新）を経て、2万人を超える読者に読まれたものの新版になります。この間の環境問題の変遷を踏まえ、内容を全面的に見直して章立てを11章から12章に変え、データを可能な限り最新になるよう本文・図表などを大幅に加筆・修正しました。また、これまでと同様に2色刷りにして読みやすく、理解が深まるよう配慮しました。本書の刊行にあたって大変ご尽力いただいた駿河台出版社の井田洋二氏ならびに上野大介氏に厚く感謝の意を表します。

　本書が広く読まれ、現代の環境問題に対する社会の正しい理解が深まることを祈念して

　2021年　初春

鈴　木　孝　弘

目　　次

4　都市の環境問題と自然

5　人間活動による大気汚染

9　低炭素社会の構築

10　森林破壊と生物多様性

I 人間と環境

　地球の 46 億年の歴史からみると、人類が活動し始めたのはつい最近のことにすぎない。しかし、今日、急激な人口増加と科学技術の発展により、人類は自らが地球の環境を破壊し、他の生物ばかりでなく、人類の存続すら危うくしている。もはや、この地球は人類にとって十分広くはなく、無尽蔵にみえた水も大気もその他の資源も有限なのである。環境問題は、経済の仕組みに強く支配された人間社会のあり方に原因がある。本章では環境問題の本質がどこにあるのか考えよう。

1.1　文明と環境

　英語の "文明（civilization）" は、都市や町を意味するラテン語の *civitas* を語源とする。一方、"野蛮（savageness）" は、森を意味するラテン語 *silva* に由来するといわれる。西洋では、古代文明の誕生のころから、自然は人間にとって、克服すべき対象とみられてきたのである。たとえば、古代メソポタミアの『ギルガメシュ叙事詩』では、ギルガメシュ王がレバノン杉[1]の森（10.1 節参照）に遠征し、森の守護神フンババを征伐するところ、すなわち杉の木を切り払う場面がハイライトの 1 つになっている。この当時の人間の自然観では、森は謎めいた暗い場所とみられていたと考えられる。

1）p.151 参照。

19世紀のフランス人の外交官・作家、シャトーブリアン子爵の名言に「文明の前には森林があり、文明の後には砂漠が残る」がある。

人類による環境破壊は古代四大文明にまでさかのぼることができるといわれる。これらの文明の栄枯盛衰には、人口増加、政争、他民族との争い、気候変動など複雑な要因が重なり合っていると考えられるが、最近、基本的には森林の伐採が原因であるという説が有力になっている。

エジプト文明では、巨大なピラミッドやスフィンクスを造るため、ナイル川右岸から石材を切り出し運搬した。このとき、建造に携わった人々の生活や、石材の移動に木製のコロやそりを使用するため、大量の木材が消費されたという。中国文明でも殷の時代には豊かな森林があり、象やトラが数多くいたといわれるが、春秋戦国時代に農地拡大、鋳物鉄の製造、大規模な土木建設事業により、森林が激減した。また、メソポタミア文明も同様に、肥沃な三日月地帯を取り囲むザクロス山の森を破壊し尽くした。森がなくなった結果、ザクロス山からの水脈が枯れ、畑に塩が噴出して小麦や大麦が栽培できなくなったためメソポタミア文明も衰退した。

次に文明の中心は地中海に移動した。エーゲ海の周辺には、アテネ、エフェソス、ミレトスなどギリシャ・ローマ時代に繁栄を誇った古代都市がたくさんあった（図 1.1 (a)）。この時代の文明も豊かな森林（深いナラやマツの森）が育んだものであり、ギリシャの山々には巨木の森があった。しかし、船の建造、当時に盛んになった青銅器や土器の製造、金属（銀や鉛）の精錬などに使用するため、樹木が大量に消費されて森林が激減した。エーゲ海に面したエフェソス（現トルコ）は小メンデレス川河口に位置した港であった。そこでは貿易が盛んで、森林を切り開き、農耕や牧畜を営んでいた。しかし、小メンデレス川の上流部における森林の伐採によって、洪水が度々おこり、上流や中流の土砂が下流に大量に運ばれ、海岸線が前進した。それにより、港として町が機能しなくなり、エフェソスは廃墟と

(a)	(b)

図 1.1　パルテノン神殿（ギリシャ）（a）と現在の周辺の山間部の植生（b）

アテネ市中心部の丘の上にあり、海からかなり離れている。紀元前 5 世紀に建て
られたが、オスマントルコ時代、火薬庫として使われ、17 世紀に戦争中、大爆
発によって大破した。19 世紀になって大がかりな修復が行われ、現在の姿となっ
ている。古代ギリシャ期には、神殿の外も内も色鮮かに塗られていたという。
現在のギリシャの山間部はオリーブ畑が目立つが、深い森はほとんどみられない。

なった。さらに、港を埋めた泥の湿地はマラリア蚊の大発生地となり、文
明末期にはマラリアがギリシャの風土病となった。現在でもこの一帯は、
植生がきわめて乏しい（図 1.1（b））。

　ギリシャ・ローマ文明の後、9～10 世紀頃、うっそうとしたブナやナラ
の森に覆われていたアルプスの北側に文明が移った。その中世ヨーロッパ
では、都市が発達するにつれて、12 世紀以降の農耕地・牧草地の拡大に
よる森林伐採に加えて、造船、冶金、製鉄などによる木材の消費が増大し、
西欧の森林は激減し、姿を消すようになった。大航海時代には、西欧には
大きな船を建造する木材が乏しく、東欧や森林の多い島、新大陸などから
木材を入手する必要があったという。特に徹底的に森林破壊が行われたの
は、イギリスであった。産業革命ではエネルギーとして石炭がおもに使わ
れたが、送電網や鉄道網の建設でさらに森林が減り、ヒースという、地を
はうようにはえるツツジ科の植物におおわれた荒野が広がるようになった。
その結果、大雨による土砂崩れや洪水、かんばつなどの被害が頻繁に発生

環境の思想家 "松尾芭蕉"

　2001年、世界の環境思想に影響を与えた50人について述べた英国で出版された書籍（Palmer, Joy A. Ed, *Fifty Key Thinkers on the Environment*, Routledge, London (2001)）に、仏陀、マハトマ・ガンディー、レイチェル・カーソン、シコ・メンデスなどと並び日本人でただ1人、松尾芭蕉が取り上げられている。その理由は、芭蕉の作品には自然との強い一体感が目立ち、「広い意味での日本人の自然観を生み出した」と記されている。松尾芭蕉が、江戸・深川から「奥の細道」の旅に赴いたのは、1689年3月27日（陽暦で5月16日）、46歳のときであった。緑が深まる東北から列島を横断し、日本海側を巡って大垣に至った。「いく春や鳥啼き魚の目は泪」にはじまり、各地で出会った風物や人々との接触が、貧しさの中にも生き生きとした当時の地域の様子を今に伝えている。

したため、19世紀以降、一部の地域では大規模な植林が行なわれるようになった。その後、新大陸が新たな木材の供給源としての機能を果たすようになり、新大陸へヨーロッパ人が移住後わずか300年で森の80%が破壊され、森林の破壊がヨーロッパから新大陸へ移る結果となった。最近、モアイ像で知られる南太平洋のイースター島の文明破壊にも人為的な森林破壊が大きな影響を及ぼしたことが明らかにされつつある。

　こうして、人間は森林を伐採して農耕地や遊牧地に変え、植林による人工林さえも作り出し、人間生活圏を形成・拡大していった。しかし、そのプロセスの中で多くの生物がすがたを消していった。

1.2　世界の人口と有限な地球

　地球環境の問題は、人口の急増と密接な関係がある。世界の人口は図

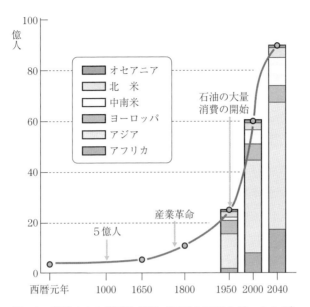

図 1.2　世界の人口推移と推計（国連人口部のデータより）

1.2 に示すように、20 世紀に入ってから人口増加が急速に加速し、既に
2019 年に 77 億人を超した[1]。さらに 2050 年には 100 億人を突破するもの
と予想されている。この人口増加の要因には、まず第 1 に、農業の発達に
よる食料供給の増加と冷凍・冷蔵技術の発明・普及による食料の保存が可
能になったこと、第 2 に人間の居住地域の拡大、第 3 に医療や衛生管理の
進歩、感染症予防、抗生物質などの開発による死亡率の大幅な低下などが
あげられる。しかし、現在の人口問題は、先進国では「少子高齢化」、開
発途上国では「人口爆発」と対照的である。先進国では、エネルギー、資
源多消費型の技術により豊かさを追い求めたこと、一方、開発途上国では、

---

1) 2020 年 1 月 1 日時点の住民基本台帳に基づく日本の総人口（日本人住民）は、1 億 2,427
万 1,318 人で 11 年連続の減少となった。世界総人口に占める日本人の割合は 2%弱で、世
界では 11 位である。世界の総人口は 2011 年 10 月 31 日に 70 億人を突破したと推計され、
2020 年時点約 77.95 億人である（世界人口白書 2020 による）。

貧困と人口増加の悪循環が繰り返された結果、相乗効果的に地球の環境が最近、急速に悪化しているといえるであろう。

　世界の人口増加の加速は、地球に埋蔵されている資源の消費も飛躍的に増加し、土壌や水、大気の汚染の度合いも高まることになる。また、同時に開発などによる森林破壊などによって生物の消滅も伴う。では、これから2050年にかけて予想される膨大な人口による物質移動やエネルギー消費を、現在の地球は物理的に支えることができるであろうか。その鍵は地球の資源の有限性が握っている。まず、われわれの生存に最も重要な4つの資源、水、土壌（耕地）、森林、空気の存在量をみてみよう。

　いま、地球を直径1.5 mの球体に縮小して、それぞれの存在量を示したものが図1.3である。地球は表面の約2/3が海洋であり、水の惑星といわれるが、この図では海水は2.0 ℓ、淡水に至っては60 mℓ しかない。しかも淡水のほとんどが氷であるため、手軽に利用できる地下水、湖沼や河川に貯蔵されている液体の淡水はわずか0.07 mℓ である。また、空気も地球をおおう大気圏は薄皮のようにきわめて薄く、空気の量は、ほぼ風船1つ

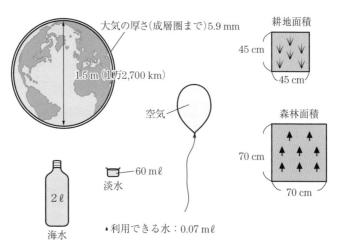

図1.3　直径1.5 mに縮小した地球と存在する資源の量

分の量しかない。土壌は食糧を供給し、森林は二酸化炭素を吸収し、酸素
を供給すると共に、土壌を浸食から守る働きもある。その森林面積もどん
どん小さくなりつつある。人口が増大したわれわれ人類にとって、地球資
源が有限であることはこの図から明らかである。金、銀、鉛のような主な
金属資源の残余年数は 30〜40 年程度分しかないといわれている。

　次に、私たちの生活と地球の大きさとの関係を考えてみよう。1 人の人
間が 1 年間普通の生活を営むために必要な土地や海などの面積を**エコロジ
カル・フットプリント（EF）**という。EF の算出は、図 1.4 のように地球
上の面積を耕作地（米や麦の栽培）、牧草地（肉や乳製品を生産する）、森
林地（木材やパルプの供給源）、カーボン・フットプリント（エネルギー
の発生や CO_2 の吸収に必要な森林）、生産能力阻害地（建物や道路等）、
漁場（海洋・淡水域）の 6 つのカテゴリーごとに国内の生産活動および輸
入物の生産で使用される土地（海洋を含める）使用量から求められる。そ
の際、異なる土地（海洋）カテゴリー間の土地生産性の違いを調整する

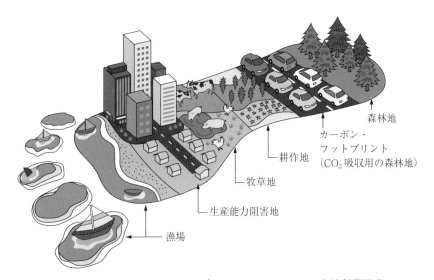

図1.4　エコロジカル・フットプリントにおける六つの土地利用区分

「等価ファクター」、および各国の実情を調整する「収量ファクター」を用いて標準化することにより、「平均的な生物生産力をもつ土地 1 ヘクタール」を表す「グローバルヘクタール」（gha）という単位で表示する。

　これによると、現代の日本人の EF は、およそ東京ドーム 1 個分（約 4.7 gha）程度に相当すると計算されている。2010 年の EF は、生産能力阻害地（0.04 gha）、耕作地（0.47 gha）、漁場（0.47 gha）、放牧地（0.16 gha）、紙やパルプの製造に必要な森林（0.23 gha）、そしてカーボン・フットプリント（2.54 gha）の合計 3.91 gha であった。2013 年には、東日本大震災による原発の停止による化石燃料の使用量増大などによって 5.0 gha と増加した。この値は、国の生活レベルにほぼ依存し、2013 年の EF でみると、米国では 8.5 gha、世界の平均は 2.9 gha であり、日本の 5.0 gha は世界で 38 番目に大きく、先進国のなかではイギリスおよびフランスと同程度である。日本の EF の約 74％は、カーボン・フットプリントが占めている。日本の EF はインドの EF の 4.7 倍の大きさであり、アフリカ諸国の EF はさらに小さな値である。

　世界平均の 2.9 gha から考えると、地球上で暮らすことができる人口は約 40 億人になる。現在の約 78 億人の人口は、既にこの地球上では過剰であり、途上国に貧困や食料不足といった形でしわ寄せがいっていることが分かる。もし世界中の人々が日本人と同じような暮らしをすると、地球が約 2.9 個必要になる。EF を持続可能な社会を築くための具体的な指標として、イギリスのカーディフ市では、交通や廃棄物処理などの施策ごとに反映させている。

1.3　環境と社会の持続可能性

　地球の環境要件が変化する中で、長期的な未来まで人類が生き残り、繁栄していくために人間の文化的活動と地球の自然的機能との調和を図るこ

とが重要である。この目的のために法規制に基づく環境対策と、他の社会的活動との整合性をとるため、国際的に次のような原則が提案されている。

（1）　汚染者負担の原則

この汚染者負担の原則（PPP, Polluter Pays Principle）は、OECD が1972 年提唱し、環境保全に必要な費用は汚染者が負担すべきであり、公費によって負担すべきではない、というものである。

（2）　拡大生産者責任

製造業者や輸入業者といった「メーカー」が、これまで自治体や消費者が担ってきた使用済み製品の処理責任の一部または全部を負担するという考え方で、1996 年 OECD が提唱した。従来は生産から製品の使用時までだったメーカーの責任が拡大したことから、**拡大生産者責任**（EPR, Extended Producer Responsibility）といわれる。わが国の循環型社会形成推進基本法（2000 年公布）においても、この考え方を取り入れた規定が置かれている。

（3）　持続可能な開発

1987 年、国連「環境と開発に関する世界委員会」の報告書「Our Common Future（我ら共通の未来）」は、環境と開発の問題について国際社会が達成すべき目標として**持続可能な開発**（SD, Sustainable Development）を掲げた。ここでは、貧しさを改善しないと環境破壊が進む、環境が人類を養う能力には限界がある、という観点から、将来のニーズを満たす環境を残しつつ、現在のニーズも満たす開発が重要であるとしている。石油など化石燃料の使用量削減や風力など再生可能なエネルギーへの転換を促し、地球温暖化防止を達成できる経済・社会システムの実現が望まれている。2002 年、「持続可能な開発に関する世界首脳会議（ヨハネスブルグ・サミット）」では、その**ヨハネスブルク宣言**に企業は、単に法律を守って収益を上げるだけでなく、社会の中でさまざまな責任を果た

すことが必要であることが明記された。

　2012年、ブラジルのリオデジャネイロにおいて、「国連持続可能な開発会議（リオ＋20）」が採択され、**グリーン経済**の重要性が認識された。企業などの組織の環境対策や汚職の廃絶、人権配慮などを重視する立場から、単に法律を守って収益を上げるだけでなく、社会の中でさまざまな責任を果たすことが必要だとの考え方から **CSR（企業の社会的責任）** という概念が浸透してきている（図1.5）。その取り組みの中心は「持続可能性」であり、企業が経済面だけでなく、社会・環境面に対しても配慮して取り組みを行うことである。また、企業等の事業者が、自主的に環境改善を行うための仕組みに「ISO 14001」（環境マネジメントシステム）があり、環境に配慮して行った事業活動を社会に情報公開をする**環境報告書**がある。

　2000年に設定された国際社会の共通の目標であった**ミレニアム開発目標**（MDGs）の後継として、2015年9月、MDGsでは十分対応しきれなかった気候変動や貧困といった地球規模の問題解決のため、**持続可能な開発目標**（SDGs）が掲げられた。これは、2030年までに17の目標（コラム）が設定された。本書で扱う内容では、目標6（水・衛生）、目標7（エネルギー）、目標12（持続可能な消費と生産）、目標13（気候変動）、目標14

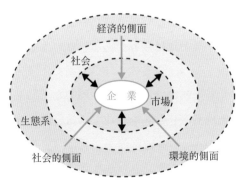

図1.5　CSR（企業の社会的責任）の概念

```
17 の持続可能な開発目標（SDGs）
```

（目標 1〜6）おもに開発途上国の課題
1.　貧困　　2.　飢餓　　3.　保健　　4.　教育　　5.　ジェンダー
6.　水・衛生
（目標 7〜12）先進国や企業などが取り組むべき課題
7.　エネルギー　　8.　経済成長と雇用
9.　インフラ、産業化、イノベーション
10.　不平等　　11.　持続可能な都市　　12.　持続可能な消費と生産
（目標 13〜15）グローバルな課題
13.　気候変動　　14.　海洋資源　　15.　陸上資源
（目標 16〜17）世界平和、国・企業・人々の協力の課題
16.　平和　　17.　実施手段

（海洋資源）および目標 15（陸上資源）などが直接的に関連している。

1.4　現代の環境問題

　温暖化など地球環境の悪化が最近、最も深刻な問題になってきているが、1970 年代以前のいわゆる公害問題も終わったわけではなく、2 章でみるように公害の苦情件数は依然、総数としては 1970 年代と同程度の水準にある。そこで、現代の環境問題について、横軸に時の経過、縦軸に法規制の強さという観点から分類して座標上に表示したものが図 1.6 である。

　環境問題を「産業公害」、「都市公害」、「地球環境問題」、「ごみ問題」、「化学物質問題」の 5 つに大別し、分類してある。従来の産業公害は法規制の最も強い時代のものであり、その後顕在化した都市公害とごみ問題も、行政による規制が重要な役割を果たす性質のものである。一方、地球環境問題は、地球温暖化、オゾン層破壊、酸性雨、砂漠化、森林破壊などを含み、国際的な連携が必要な問題である。国連の気候変動枠組条約締結国会

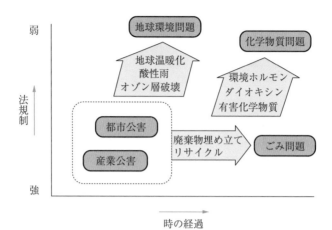

図 1.6　現代の環境問題のタイプと特徴

議などがその代表例である。また、事業者は環境に配慮した事業活動や製品開発に目を向け始め、消費者も環境に対する意識を高めるとともに、環境配慮型の商品を選択する傾向が出てきた。一方、化学物質の問題は、新しく事業者による化学物質の自主管理という手法が導入され、これまでの法令による規制とは異なる流れになっている。

ファクターX

　省資源・省エネルギーを徹底して、エネルギー消費量を抑えることが重要である。そこで、同一の財やサービスを得るために必要な資源やエネルギーの投入を低減するための指標として提唱されているものに**ファクターX**という概念がある。X には、環境効率の倍率を表す数字が入り、1991年にドイツのヴッパタール研究所（当時）のシュミット＝ブレークが提唱したファクター10 と 1992 年にローマクラブが提唱したファクター4 が有名である。それぞれ、環境効率を 10 倍、4 倍に高めることにより、資源生産性の向上と環境への負荷の軽減を図り、持続可能な社会を実現することを目標としている。

演 習 問 題

1.1 約 1 万年前、大きな気候の変動があったといわれている。それはどのような
ものか推定せよ。そのころ植物の分布は、マツ、モミ、トウヒなどの樹
種からコナラのような樹種への変化があったことが、土壌の花粉の分析か
ら明らかになっている。

1.2 古代都市エフェソスの海岸線の前進の原因について地形にもとづいて説明
せよ。また、現在、その場所はどのようになっているか調べてみよ。

1.3 われわれの祖先はうっそうと茂る常緑の原生林を開き、畑や水田としてき
た。そしてその周りにアカマツやコナラ、クヌギなどの住処となっている
里山や雑木林が形成されてきた。環境省の調査（2001 年）によると国土の
約 4 割が里地・里山であるといわれるが、最近、里山の景観が急速に変わ
りつつある。どのような変化がみられるか考察してみよ。

1.4 人口が 10 億を超えている中国およびインドは、共に経済成長が著しく国
民の生活レベルの向上が顕著である。この 2 カ国は、今後、地球環境にど
のような影響をおよぼすか推定せよ。

1.5 「人口爆発」「人口ボーナス」および「人口オーナス」とはそれぞれどのよ

うな事態か。

1.6 SDGs の達成に向けて地球環境への負荷低減に配慮した事業活動や環境保
全活動を推進している企業などについて、環境報告書を参照して調べてみ
よ。

2 公害防止と環境保全

　日本は戦後、急速な復興をとげ、1960年代には高度成長期に突入したが、反面で公害被害が深刻な形で多発し、公害反対の世論や住民運動が高まった。そのため、企業や行政は公害防止や公害対策に力を入れかつてのような産業公害はほとんど起こらなくなった。しかし、新たな公害問題も生じ、環境政策の強化と生活様式の見直しが問われている。

2.1 日本の公害の歴史

　公害とは「環境の保全上の支障のうち、事業活動その他の人の活動に伴って生ずる相当範囲にわたる大気の汚染、水質の汚濁、土壌の汚染、騒音、振動、地盤の沈下及び悪臭によって、人の健康又は生活環境に係る被害が生ずること」（環境基本法第2条）と定義されている。これら7種の公害は**典型7公害**と呼ばれている。

　日本の公害・環境問題の流れを表2.1に示す。わが国では既に江戸時代から、銅や鉛を原因とする鉱害が多発し、住民の健康被害や田畑の被害が多数発生していた。「日本の公害の原点」といわれる栃木県の足尾銅山を発生源とする**足尾銅山鉱毒事件**が明治期に起こり、田中正造[1]を指導者と

---

1) 田中正造（1841〜1913）：栃木県佐野市に生まれる。自由民権運動家から衆議院議員となり、足尾銅山鉱毒問題を生涯にわたって追及する。我が国における公害防止運動の先駆者。

表2.1　日本の公害・環境問題の流れ

年	事　項	年	事　項
1890	足尾銅山鉱毒事件	1980	名古屋新幹線公害訴訟で請求棄却
1891	田中正造が国会で足尾鉱毒を追及	1993	環境基本法制定（公害対策基本法は廃止）
1922	神通側流域でイタイイタイ病発生	1997	環境アセスメント法制定
1956	水俣病が社会問題化		京都議定書締結（→ 2005 年発効）
1961	四日市ぜんそくで患者多発	1998	家電リサイクル法制定
1964	新潟水俣病患者発生	1999	ダイオキシン類対策特別措置法制定
1967	公害対策基本法公布	2000	循環型社会形成推進基本法制定
1971	環境庁発足	2001	環境省設置
1973	公害健康被害補償法制定	2006	アスベスト全面禁止
1975	大阪国際空港公害訴訟で夜間飛行禁止判決	2009	水俣病救済法が成立
1976	川崎市、環境アセスメント条例制定	2013	「水銀に関する水俣条約」調印

する被害農民が強力な公害反対運動を展開した。この時期には別子銅山や日立銅山でも同様な煙害が問題化した。足尾銅山周辺の山は、長年にわたる精錬所からの亜硫酸ガスによって、はげ山となった。1973 年に同山が閉山した後も植生は回復していないが、一部は地元住民らの植林によって最近緑がよみがえりつつある。また富山県神通川における神岡鉱山を発生源としたカドミウム汚染に起因するイタイイタイ病の発生は、大正時代にまでさかのぼることができる。

　第二次世界大戦後、1950 年代後半以降の高度成長期には石油化学コンビナートを中心とした重化学工業化と都市化の急速な進展などによって自然環境破壊が生じ、健康が損なわれる事態が多発した。産業公害（水俣病、新潟水俣病、四日市ぜんそく、田子の浦港ヘドロ公害など）、交通公害（空港・新幹線の騒音公害、道路公害）、都市・生活型公害（自動車排気ガス、

生活排水、ごみ問題など）、薬害・食品公害（カネミ油症[1]、森永ヒ素ミルク[2]、サリドマイド[3]、スモン病[4]など）、殺虫剤 DDT などによる農薬汚染などが、1950〜60 年代に発生した。

　なかでも**水俣病、新潟水俣病、イタイイタイ病、四日市ぜんそく**の裁判は、四大公害訴訟（1963〜1973 年）と呼ばれ、被害者住民が企業を相手取って訴訟を起こし、1970 年代前半にいずれも原告（被害者側）が全面勝訴を勝ち取った。これら公害の多くは、原因企業や国の対応の遅れから被害が拡大したものであり、行政側では公害を防止する法整備を進め、産業界では公害対策が進んだ。しかし、現在でも闘病生活を強いられている被害者がおり、未だいずれの四大公害も全面解決に至っていない（表 2.2 参照）。1973 年に制定された**公害健康被害補償法**の認定患者数（地方自治体認定の患者は除く）は、2019 年 12 月末時点で、合計で 3 万 1,699 人に達する。

　1960 年代後半から、大気汚染防止法や水質汚濁防止法など、公害を規制する法制度が急速に整備され、70 年 12 月の国会において公害関連 14 法案が一挙に成立した。この背景には**四大公害訴訟**（67〜73 年）などによる公害被害者運動の高揚があり、行政に大きな影響を与えた。日本の環境問題は、自然保護活動を出発点とする米国とは異なり、地域住民の生活環境を破壊し、健康に被害をおよぼした公害が社会問題化し、環境への意識を高めた点に一つの特徴がある。

　水俣病を教訓として水銀による健康被害や環境汚染を防ぐため、2017

---

1) カネミ油症事件：1968 年九州を中心に、カネミ倉庫が製造した米ぬか油が原因で、重い皮膚病や死者が発生した。製造過程で PCB（ダイオキシンを含む）が混入したのが原因。
2) 森永ヒ素ミルク事件：1955 年頃から西日本を中心に、森永製菓が販売した粉ミルクに、製造過程でヒ素が混入していたため、乳児に多数の死亡者がでたのをはじめ、1 万人以上の被害者をだした。
3) サリドマイド事件：日本では 1959 年から発生。睡眠・鎮静剤サリドマイドを妊婦が服用することによって、多数の新生児に奇形が生じた。
4) スモン病：1955 年頃から販売された整腸薬「キノホルム」の服用により、運動機能障害、知覚異常を発生させた。

表 2.2　四大公害病の比較

公　害	症　　状	原因物質	認定患者総数*
水俣病	手足の感覚障害、運動失調、視野狭窄、聴力障害など	メチル水銀	330 人
新潟水俣病	水俣病と同じ	水俣病と同じ	130 人
イタイイタイ病	骨軟化症、腎臓障害	カドミウム	2 人
四日市ぜんそく	慢性気管支炎、気管支ぜんそく、肺気腫など	硫黄酸化物	328 人

*2019 年 12 月現在（環境白書令和 2 年版より）

年 8 月、**水銀に関する水俣条約**が発効した。水銀の先進国での使用量は減っているが、西アフリカ、東・東南アジア、アマゾン川流域などの途上国では小規模な金採掘場などで水銀が広く使われ、水銀汚染が拡大し、健康被害が危惧されている。

2.2　最近の公害

「公害」という用語は、その内容の多くが現在では「環境」にかなり置き換えられてきているが、近年の地方自治体が受理した公害苦情の総件数は、1960〜70 年代のころとあまり変わらない。

2018 年度の典型 7 公害の苦情件数（全国の地方公共団体の公害苦情相談窓口で受け付けたもの）は 47,656 件であった。典型 7 公害の苦情件数の種類別の推移をみると（図 2.1）、98 年から大気汚染の苦情が急増している。この主な原因は、1997 年以降、ごみ焼却場の**ダイオキシン問題**がクローズアップされたことによる。また、騒音は増加傾向にあり、2014 年度に大気汚染を抜き最多になった。大気汚染は年々やや減少傾向にある。2018 年度、騒音が全体の 32.9％を占め、大気汚染（30.4％）と悪臭（20.0％）で全体の約 8 割を占め、次いで水質汚濁（12.3％）、振動（4.1％）、土壌汚染（0.4％）、地盤沈下（0.1％）と続いている。また、典型 7 公害以

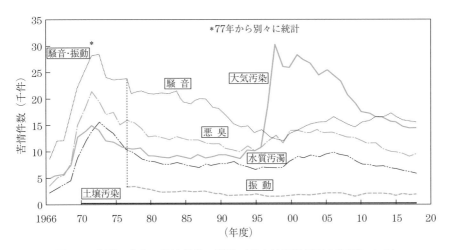

図2.1　典型7公害の苦情件数の推移（公害等調整委員会資料による）

外の苦情は、2018年度に19,433件あったが、廃棄物の不法投棄がその
44.9%を占めている。その他、高層建築物等による日照不足、通風妨害、
深夜の照明や光等に対する苦情、テレビ・ラジオ等の受信妨害や違法電波
等に対する苦情などがある。

　公害対策の結果、重化学工業の生産活動による公害はかなり減ったが、
IC産業など先端技術産業での**ハイテク汚染**が新しい公害として問題に
なっている。IC（集積回路）などを洗浄する際に使われる、発がん性や
遺伝毒性のあるトリクロロエチレンやテトラクロロエチレンなどの化学物
質が半導体製造工場などから大量に排出され、地下水、大気汚染などを引
き起こしたもので、全国のハイテク工業地域に広がった。

　最近の公害問題の特徴は、産業公害のように原因者と被害者が明らかな
ものとは異なり、人が生活レベルの向上をもとめた結果、発生したものが
増え、従来の公害問題に比べ複雑化してきている。大気汚染や水質汚濁な
どの公害は、日常生活に関連するばかりでなく、地球環境問題にもつな
がっている。

新しい公害

・アスベストによる健康被害

　アスベスト（石綿）は綿状の鉱物で、不燃性、耐熱性、防音等にすぐれているため、建築材などに広く利用されてきた。戦後約1千万tが輸入され、1970年から90年にかけて年間約30万tも輸入・使用されていた。しかし、1964年には、アスベストによる人体への有害性が指摘され、わが国でも75年、95年と部分的なアスベスト製品の使用が禁止されたが、2004年まで完全全面使用禁止措置がとられなかった。2006年、アスベストの製造は原則として禁止となったが、現存の建物の大半にアスベストが蓄積されている。アスベストの健康被害は、15〜40年の潜伏期間を経て、肺ガン、悪性中皮腫などを引き起こすとされ、中皮腫による年間の死者数は1995年調査開始時の500人から増え続け、2017年には1,555人となっている。今もアスベストを含む建物の解体のピークはこれからであり、被害の拡大が危惧されている。

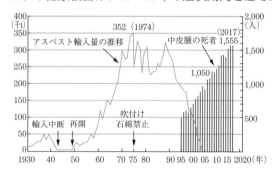

図2.2　アスベストの輸入量と中皮腫の死者数
　　　　（年間）の推移
　　　　（厚生労働省のデータより作成）

・海のプラスチックごみ

　1950年以降に世界で製造されたプラスチック製品の総量は83億tに達するが、再利用はごくわずかで大半がごみとして捨てられ、中国や東南アジア、米国などから毎年1千万tほどが海に流れ込んでいると国連で推計されている。プラスチックごみは海を漂う間に徐々に分解され、海洋生物や海鳥が餌と間違えて飲み込む被害が出ている。特に最近では、洗顔料などに含まれる微細な粒子や紫外線や波で砕かれた直径数mm程度以下の**マイクロプラスチック**の汚染が深刻化している。世界の海に漂う量は今後も増え続け、2050年までにプラスチックごみが重量換算で魚の量を超すとの予測もある。

2.3 環境法の体系

　人間の尊厳と環境との関係を公式に明示したのは、「かけがえのない地球」をスローガンとした 1972 年 6 月にストックホルムで開かれた第 1 回国連人間環境会議であった。環境に関する改憲議論は西ヨーロッパ諸国では早くから行なわれ、1971 年にスイス、1978 年にスペインでは環境権が憲法に明記され、ドイツでは 1970 年代からこれまでに多数の州で環境への配慮義務が法に明記されている。

　日本国憲法は 2020 年現在、改正が議論され、その中で**環境権**の導入が検討されているが、現憲法には環境保全や環境権に直接関連する規定は見当たらない。憲法の公布当時、わが国はもちろん欧米諸国においても、人間環境の保全という概念が生まれていなかったからである。憲法にあえてよりどころを求めるならば、第 13 条（個人の尊重と公共の福祉）および 25 条（国民の生存権、国の社会保障的義務）が該当する。

　環境権はこれまでに**大阪空港公害訴訟**（騒音）や伊達火力発電所訴訟（大気汚染）などにおいて主張されたが、権利の主体、対象などの内容が不明確であることから、未だ司法の場では具体的な権利として認められていない。

（1）　環境基本法

　図 2.3 に 1970 年前後に制定された主な公害対策規制法の法体系を示す。**公害対策基本法**（1967 年公布）は全 30 条からなり、国家的レベルで最初の公害規制に関する基本法として、環境基本法が制定されるまで、わが国の環境に関する憲法としての役割を果たしていた。その主な内容は、日本国内における前述した典型 7 公害の解決と未然防止を目指し、事業者、国、地方公共団体および住民の公害防止に対する責務を規定したものであった。

　公害対策基本法が制定されてから、従来の産業公害はしだいに沈静化し

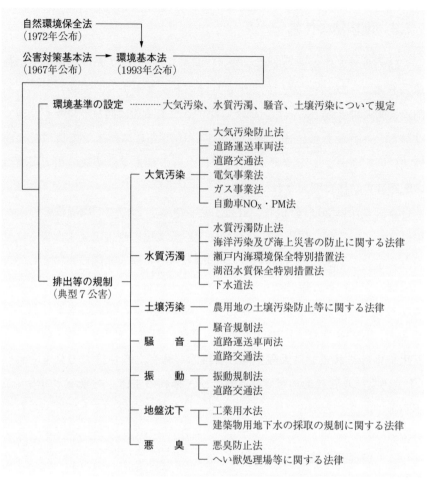

図 2.3　主な公害・環境対策規制法の体系

ていったが、一般市民が加害者でもありまた被害者でもある生活排水によ
る水の汚染や、増え続けるごみの問題などが顕在化した。さらに、酸性雨
やオゾン層の破壊、地球温暖化などの地球規模の環境問題が重要な課題と
なってきて、従来の法令に基づく取り組みだけでは、対応しきれないこと
が明らかになってきた。そこで、公害対策基本法と自然環境保全法をベー

スに 1993 年**環境基本法**が公布・施行された。

　この法律は、環境保全の 3 つの基本概念「環境の恵沢の享受と継承権」、「環境への負荷の少ない持続的発展が可能な社会の構築」、「国際的協調による地球環境保全の積極的推進」を定めている。その第 1 条（目的）に、「この法律は、環境の保全について、基本理念を定め、並びに国、地方公共団体、事業者及び国民の責務を明らかにするとともに、環境の保全に関する施策の基本となる事項を定めることにより、環境の保全に関する施策を総合的かつ計画的に推進し、もって現在および将来の国民の健康で文化的な生活の確保に寄与するとともに人類の福祉に貢献することを目的とする」とある。

　同法は、国内ばかりではなく、国際面にわたる具体的な環境保全の施策のあり方を示している。この法律に基づき、**環境基本計画**が策定され、これまでの規制的手法に加えて経済的手法（ごみ処理有料化、デポジット制、環境税など）の採用が打ち出された。

（2）　上乗せ規制・横出し規制

　図 2.3 の法体系には、さらに地方自治体が制定している**条例**が加わる。通常、下位の法はそれよりも上位の法に規定していない事柄や、上位の法で定めている事柄よりも厳しいことを規定できない。しかし、国の法令と同じ目的かつ同じ対象である場合、例外として公害・環境法では各地方自治体の実情に合わせて、条例で法律よりもより厳しい規定が設けられている。例えば、大気汚染防止法（1968）や水質汚濁防止法（1970）では、国が全国一律の排出基準、排水基準を定めている。しかし、自然的・社会的条件からみて不十分であるとき、都道府県は条例でこれらの基準に代えて適用するより厳しい基準を定めることができる。これを**上乗せ規制**といい、この基準値を**上乗せ基準**と呼ぶ。さらに、国が定めた規制対象施設の範囲をより小規模なものにまでひろげる場合を**裾下げ規制**といい、国が定めた

規制項目以外の規制項目や地域を追加する場合、**横出し規制**という。国が定めた規制基準値より厳しい基準値を定めることが狭義の上乗せ規制であるが、広義には裾下げ規制や横出し規制も上乗せ規制に含められることが多い。

　一方、地域開発に際し、それが自然環境に与える影響を事前に評価する**環境アセスメント**（環境影響評価）に関する条例が、多くの地方自治体で制定されるようになった。その後、1997年に**環境影響評価法（環境アセスメント法）**が制定され、国が行う公共事業もその対象となった。また、産業廃棄物の処理施設やごみ焼却によって発生するダイオキシン類を規制するため、**ダイオキシン類対策特別措置法**が1999年に制定された。2000年に循環型社会形成推進基本法が制定され、これに基づき家電リサイクル法などの個別のリサイクル法が次々に制定・改正されている。また、最近では、地球温暖化などの地球環境問題に対する取り組みが重要になっている。

2.4　環境アセスメント

　環境アセスメント（環境影響評価）は、施策や事業が自然環境にどのような影響をおよぼすかを事前に予測・評価することであり、米国では、1969年に公布された国家環境政策法（NEPA）で規定されている。NEPAでは、環境に影響をおよぼす事業については、その事業の必要性を説明し、環境に対する正と負の影響を特定した環境影響評価書（EIS）の提出が義務付けられる。例えば、一般的なEISでは野生動物の生息地、土壌、水質、大気質、河川流量などの項目への影響が検討される。

　日本では1970年代後半から、国に先行して地方自治体が環境アセスメント条例を制定し、各種開発事業のアセスメントを実施していた（1999年8月2日までに47都道府県、11政令指定都市で制度化）。1997年に国

レベルの**環境影響評価法（環境アセスメント法**）が成立（1999 年施行）
した。先進国では最も遅い法制化であったが、評価のコストや開発事業の
遅れを心配する産業界や関係官庁の反対が根強かったためである。

　環境アセスメント法では、対象となる事業は、道路、ダム、鉄道、空港、
発電所などの 13 種類の事業である。その一般的な手続きの流れを図 2.4
に示す。規模が大きく環境に大きな影響をおよぼすおそれがあり、アセス
メントが必須の第 1 種事業と、それに準じる規模や事業内容から環境ア
セスメントが必要であると判定される第 2 種事業に区分される。この環境ア
セスメントの対象事業を選定するプロセスを「スクリーニング」という。

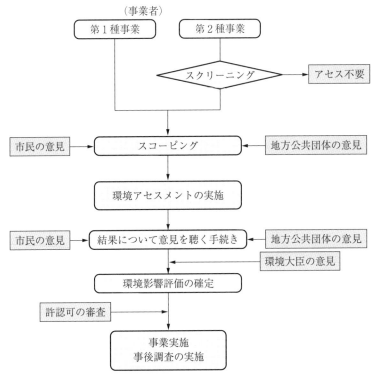

図 2.4　環境アセスメントの手続きの一般的な流れ

つまり、「第1種事業」のすべてと、「第2種事業」のうち手続を行うべきと判断されたものとが、環境アセスメントの手続を行うことになる。また、規模が大きい港湾計画も環境アセスメントの対象となっている。

さらに環境アセスメントを実施する場合、地域の環境特性を考慮して、調査項目を絞り込む「スコーピング」とよばれるプロセスがある。このプロセスでは、代替案の範囲、評価項目、調査・予測・評価手法などを、住民や専門家など外部の意見を聞き絞り込んでいく作業が行われる。しかし、環境アセスメント法では事業段階のみが対象となるため、政策段階や計画段階から、複数の代替案を出して、環境に与える負荷がより小さい最適案を選択できる**戦略的環境アセスメント**が求められ、2011年の環境アセスメント法改正によって導入され、複数案の比較が可能となった。また、長期に渡って計画の進行が停滞している事業について、事業の合理性、事業期間の期限的有効性の観点から見直す**時のアセス**という手法もあり、非効率な公共事業投資を牽制する実際的な手段として期待されている。

さらに詳しく　＊下記項目の詳しい解説は、『新・地球環境百科』各ページを参照。

公害　117 / 典型7公害　117 / 足尾銅山鉱毒事件　118 / 4大公害病　119 /
水俣病　119 / イタイイタイ病　120 / 四日市ぜん息訴訟　121 /
大気汚染訴訟　121 / 東京大気汚染訴訟　122 / ハイテク汚染　122 /
環境権　122 / 環境基本法　123 / 環境基本計画　123 /
公害対策基本法　123 / 自動車 NOx・PM 法　124 / 上乗せ基準　125 /
環境アセスメント　125 / アスベスト　156 / 中皮腫　157

演 習 問 題

2.1　水俣病の原因物質の解明が当時遅れた理由を考えよ。

2.2　カネミ油症事件で、真の原因物質の解明に長期間を要した理由を考えよ。

2.3　四日市市では 1960～70 年頃、どのような公害があったか調べよ。また、当時の国や企業の公害対策はどのようなものであったか考察せよ。

2.4　1960 年代、静岡県の三島、沼津、清水の 2 市 1 町では、石油コンビナートの誘致反対運動が起こり、阻止できた。その理由を調べよ。

2.5　4 大公害について、発生地、発生原因、被害者の症状などについて比較・検討せよ。

2.6　最近では IC 産業など先端技術産業でのハイテク汚染・IT 汚染も新しい公害として問題になっている。その実態について調べてみよ。

2.7　公害を規制するための方法の 1 つとして、濃度規制と総量規制の二通りの方法がある。大気汚染防止法や水質汚濁防止法では、どのようにこの方法を採用しているか調べてみよ。

2.8　地方自治体における環境アセスメントの実施例について取り上げ、その効果と課題などについて論じてみよ。

2.9　公害は市場を通さないで（対価を支払わないで）多くの人々に不利益を与える外部不経済の一例であり、市場がうまく機能しない「市場の失敗」の典型的な例であるといわれている。その理由と公害・環境行政において、公害を規制するためにこれまでどのような対策がとられてきたかまとめてみよ。

2.10　1970 年ごろから最近までのアスベスト（石綿）のわが国での使用規制の動きについて調べてみよ。

3 水資源と人間活動

　「水の惑星」と呼ばれる地球であるが、私たちが利用可能な淡水は
ごくわずかである。近年、特に農業での水の使用量が増大し、世界的
にみると水の需要はかなり逼迫した状況にある。水をめぐり世界各地
で危機的な事態が進行し、国家間の紛争も起きている。中国の黄河で
は、1972 年頃から上流で水を使い切り、下流で流れが途絶える "断
流" という事態が度々生じている。さらに、河川、海洋、湖沼がいろ
いろな化学物質によって汚染され、深刻な環境問題が起きている。こ
のような環境における水問題を考える上で、水の科学的特性、水利用
のあり方、水質汚染などについて十分な知識・理解が必要である。

3.1　水の特異性

　水は水素 H_2 と酸素 O_2 の化合物で、化学式 H_2O（分子量 18）で示され
るきわめて簡単な構造の分子である。しかし、他の物質とは違うその特異
な性質によって、生命活動や自然環境に大きな影響を与えている。おもな
水分子の特性をあげると次のようになる。

① **融点・沸点**：分子量 18 の化合物としてはきわめて高く、沸点
　100℃、融点 0℃。

② **蒸発熱**：液体の中で最大（40.7 kJ/mol）。水が蒸発する場合、大量
　の熱を吸収（身近な例として汗の発汗作用による体温を一定化させる

など）し、逆に水蒸気から水にかわる場合、熱を放出し、その熱が大
気の運動エネルギーとなる。

③　**融解熱**：アンモニアを除き液体で最大（6.01 kJ/mol）であり、氷
　　から水への変化を通じて地球の気候緩和に役立つ。

④　**比熱**：液体の中で最大（約 4.18 J/g·K）。生物圏の気候緩和に役立
　　つ。

⑤　**密度**：温度により変化し、4℃で最大。0℃の氷の密度（0.917 g/
　　cm³）は 0℃の水より小さく、氷は水に浮かぶ。岩石の割れ目の水が
　　凍ると体積が膨張し、これによって岩石が砕け、風化が進む。気温が
　　低下し、池や湖の表面が凍結しても、密度の大きな 4℃付近の水が水
　　底に沈み、そこで生物の生存が可能になる。

⑥　**表面張力**：水銀などの液体金属を除けば、液体の中で最大。土壌中
　　に水を貯え、高い木の梢まで水や養分を運搬するのも表面張力の働き
　　である。

⑦　**誘電率**：液体の中で最大。電解質をよく溶かす。天然水には多くの
　　物質が溶解し、物質循環に大きな役割を果たしている。生体内では水
　　が栄養素を溶解し、運搬し、その吸収を助けている。老廃物を体外に
　　排出するのも水の役割である。

さて**水分子**は図 3.1（a）のように、酸素原子 O を頂点に、2 つの水素原
子 H がなす角度は 104.5°である。酸素 O と水素 H の間の結合は共有結合で、
酸素原子 O のほうが水素原子 H よりも電子を引き付ける力が強く、2 つ
の結合にかかわる電子は酸素原子に近づいている。それによって、1 つの
水分子の中で、酸素原子 O はやや−（マイナス）、水素原子 H はやや＋（プ
ラス）に電荷のかたよりがある。そのため、1 つの水分子の水素原子 H と、
近くの別の水分子の酸素原子 O の間に、O-H--O-H のような分子間の
相互作用が働く。この相互作用を**水素結合**と呼んでいる。水素結合は、1

つ1つの結合は弱いが、図3.1(b) のようにたくさんの水分子が相互作用すると、全体として強く結びつき、一種の**クラスター**（網の目のように多くの水分子がつながり、巨大な分子のようにふるまう）を形成している。この結果、水は熱せられても水素結合が切れにくいため、蒸発しにくく沸点が高いという性質を示す。

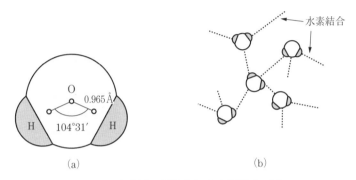

図3.1　水分子の構造(a) と水素結合 (b)

　水には、分子の集合状態によって、氷、水、水蒸気という3つの状態が存在する。これを**水の三態**という。物質には三態をとりうるものが他にもCO_2のようにたくさんあるが、三態をわれわれの通常の日常生活でみることができるのは水だけである。

　水が蒸発するためには、多量の熱（蒸発熱）が必要である。逆に、水蒸気が水になるとき、蒸発熱と同じだけの熱量（凝固熱）を放出する。地球が水の存在しない他の惑星に比べて温和な気候である（地球の平均気温15℃）大きな理由の1つが、水の三態変化に伴って出入りする熱があるからである。

3.2　地球上の水

　地球上の水量は約14億km^3であるが、図3.2のようにその97.5%は海

水であり、淡水は 2.5% にすぎない。その淡水の約 70% は南極・北極など
の氷であり、地下水、河川水、湖沼水として存在するものは全水量の約
0.8%で、人間が直接利用できる淡水の河川水や湖沼水は 0.008%、約 10
万 km^3 にすぎない。しかし、世界の淡水は地球上の水循環の中に含まれ、
継続的に自然の中で再生利用され、浄化されており、私たちはこのように
限られた淡水を水資源として利用している。なお、大気の温暖化により水
循環は現在までに約 4% ほど速くなっているという報告もある。

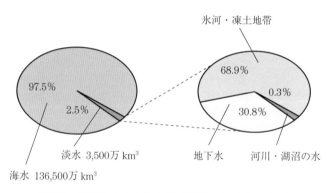

図 3.2　地球上の水の存在量（資料：国連環境計画）

　現在、世界の水不足はたいへん深刻な問題になっている。世界人口 77
億人のうち約 8.5 億人が未だ安全な飲料水サービスを受けられず、川や湖
からの水を直接飲んでおり、毎年約 50 万人が汚染された飲料水によるマ
ラリアや下痢などで死亡している。
　太古から現在まで、地球上では淡水の総量はほぼ一定である。自然界に
おける水の循環は、図 3.3 のように、地表の水は、太陽エネルギーを吸収し、
蒸発する。天高く上昇した水蒸気はそこで冷やされて雲になる。陸地に移
動した雲は、雨や雪となって地上に再び降り注ぎ、河川や湖沼、帯水層に
振り分ける循環作用を繰り返している。極地や高い山では氷や雪として、
その他の場所では河川や湖沼、あるいは地下水として、われわれの生活用

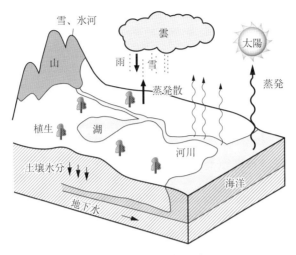

図 3.3　地球上の水の循環

水、農業用水、工業用水として使用され、やがて海へ流れていく。

　日本は、古来から「瑞穂の国」と呼ばれ、年間降水量は全国平均で 1,714 mm（世界平均の約 2 倍）、これに国土面積 37 万 km^2 を掛けた年間の総降水量は、約 6,500 億 t（トン）である。このうち 2,300 億 t は蒸発散し、残りの 4,200 億 t が川へ流れる。しかし山が海に迫っているため、降った雨はすぐに海に流れ去ってしまい、取水利用されるのは約 19%、781 億 t にすぎない。降水の一部は河床や水田から地下に染み込み地下水となる。年間約 129 億 t の地下水が利用されており、使用済みの一部は河川へ放出される。この 910 億 t の利用可能な水は、農業で 587 億 t、工業で 150 億 t、残りが生活用水に使われている。日本は狭い国土に人口が集中しているため、国民 1 人当たりの降水量は世界平均の 1/4 しかなく、水資源はけっして豊かとはいえない。

　世界的にみると、河川や湖沼、帯水層から毎年取水する淡水の約 70% が灌漑農業や家畜の飼育に使用されている。この数値は乾燥地帯では

90％まで増加する。取水した水の約20％を工業で使用し、残りの10％を
都市や家庭で使用している。

　ところで、人間の体の約60％は水である。汗やし尿として体外に出て
いく水分を補うため、生理的に必要な水の量は1日約2.5〜3ℓである。こ
れに洗面、歯磨き、うがい、トイレ、手洗い、洗濯、掃除、料理、入浴な
どで必要な水の他、オフィス、ホテル、飲食店等で使用される水を加える
と、現在、日本人1人が1日に使う水の量は、約300ℓといわれている。
1965年には170ℓであったが、生活水準の向上や水を大量に消費する都市
の巨大化が進んだことなどによって、水の消費量が増している。水の消費
量は国によって表3.1のようにかなり違いがみられる。私たちは、さらに
多くの水を間接的に食料やそのほかの製品を生産するために使用している
が、このような水はバーチャルウォーター（仮想水）とよばれる（コラム
参照）。

　現代では、産業の発展が水需要に大きな影響を与えている。中国、イン
ド、米国などでは、農業による地下水のくみ上げにより、地下水が枯渇す
るという事態が生じている。たとえば米国中西部の穀倉地帯では、畑に地
下水を多量に円形にまくセンターピボットという方式で農業の効率化を進
めてきたが、過剰揚水によってオガララ帯水層の南半分の地下水位が大幅

表3.1　1人が1t（トン）の水で生活できる日数

世界平均	5.7日
ガンビア／ハイチ	365日
ケニア	22日
中国	12日
英国／フィリピン	6日
ドイツ／ブラジル	5日
日本	3日
アメリカ／オーストラリア	2日

（国連開発計画（UNDP）のデータより）

に低下してきている。

　一方、黄河の断流のように川の水を使いすぎたことによる湖沼の深刻な縮小が、中国、中央アジアやアフリカなどで起きている。中国では、長江の水を北京や天津などの北部の都市に送る「南水北調」というプロジェクトが進められている。中央アジアのアラル海（カザフスタンとウズベキスタンの国境に位置）では、2014 年に総面積が 1960 年ごろの 10％程度まで縮小した（コラム参照）。この地域では、また殺虫剤の DDT の大量流出や塩類集積などの環境問題も深刻である。アフリカのチャド湖では、干ばつに加えて流れ込んでいた川の水が灌漑用に使われ、湖に流れ込む水量が極端に減ったことなどが原因で深刻な湖の縮小が生じ、同様にイスラエルの死海も水位が 1～1.5 m ほど低下している。

　最近、水不足が深刻化しているアジア（シンガポール）、中東（サウジアラビア、イスラエル、クウェートなど）、地中海沿岸、米国などでは、海水の淡水化や下水再生の大型施設の建設が増加している。海水の淡水化には、加熱・蒸留により真水を得る方法と、特殊な膜を使って海水から塩分をこし取る方法があるが、現在は後者の方法が世界の主流である。人口増加や経済成長で水の需要の拡大とともに、膜技術（**逆浸透膜**：海水と真水を膜で仕切って海水に圧力をかけると、海水中の水分子だけが真水側にしみ出る「逆浸透」現象を利用）などの進歩により低コストで淡水を造ることが可能になってきたためである。一級河川がなく、慢性的な水不足に悩む福岡市でも 2005 年 6 月から造水能力が 1 日 5 万 m^3（約 25 万人分）の海水淡水化施設が完成し、運転が行われている。なお、全世界で 1 日に使用される淡水は約 3 兆トンで、そのうち 2％の約 67 億トンが淡水化で作られている（国際脱塩協会（2011）による）。

20世紀最大の環境破壊

　中央アジア西部に広がるアラル海は、かつてその大きさが東北地方にも匹敵する世界で4番目に大きな塩湖だったが、わずか半世紀で1/10にまで干上がり、小アラル海と大アラル海に分断された。NASAが公開している2000年と14年にかけて撮影されたアラル海の衛星写真（図3.4）から分かるように、その急速かつ大規模なアラル海の縮小は「20世紀最大の環境破壊」とも呼ばれている。現在、国連などが対策を講じているが、縮小は続いている。

　アラル海の縮小は、干ばつによる降水量の減少のほか、旧ソ連が1960年頃から実施した自然改造計画（大規模な灌漑政策）であり、アラル海に注ぐ、2,000 km以上を流れるシルダリア川とアムダリア川の水を、全長1,300 kmのカラクーム運河などを造って流域の綿花と水稲の栽培拡大に使ったためである。その結果、アラル海に流入する年間水量は1/5以下になった。この持続可能性を無視した水利用は、アラル海の水量を維持できる量をはるかに超え、この湖は徐々に縮小していった。

 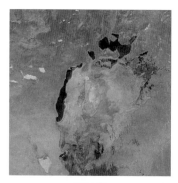

2000年　　　　　　　　　　2014年

図3.4　アラル海の縮小
（出所：NASA https://images.nasa.gov/details-GSFC_20171208_Archive_e000965.html）

3.3 水の汚染

(1) 水質汚染の原因

　水の汚れの原因の主なものには、生活排水、産業排水、農業排水、家畜排水、事故による汚濁物質の流出、大気降下物などがある（図3.5）。産業排水については、水質汚濁防止法により、一定規模以上の工場・事業所（1日の排水量50 m³以上）については、厳しい排水規準が課せられている。そのため、突発的な事故（燃料用の重油タンクから重油が河川に流出するなど）による汚濁物質の流出等の場合を除き、最近では有害物質などによる水質の汚染は少ない。大気降下物として最も量的に多いのは、酸性雨であるが、これについては後で述べる（5章参照）。そこで、現在、問題が多いと考えられる生活排水と農業排水について取りあげる。なお、家畜排水も都市近郊で家畜が飼育されるようになり、高濃度のし尿が都市の水域に排出される可能性が高い。しかも、事業者が中小の零細企業である場合が多く、排水処理施設の維持管理が十分でないため、その排水による水質汚濁が問題となっている地域もある。

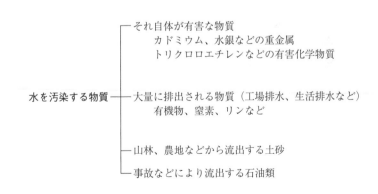

図 3.5　水のおもな汚染源

① 生活排水

　この 30〜40 年の川や湖の汚染の主な原因は、家庭から出る生活排水によって引き起こされている。茨城県の霞ヶ浦では、1970 年以降、**アオコ**（腐敗して悪臭を放つ植物プランクトンの一種）が大量発生しているが、生活排水の流入による**富栄養化**（窒素やリンが環境基準を上回っている）が最も大きな原因であると考えられている。

　生活排水は生活雑排水とし尿排水に分けられる。生活排水は、1 人 1 日当たり約 250 ℓ といわれ、台所 24 %、風呂 24 %、洗濯 24 %、トイレ 20 %、その他 8 %という内訳になっている（東京都調べ）。生活排水の特徴は、生物化学的に分解されやすい有機物を多く含むことである。調理くず、調味料、食べ残し、食用油、洗剤、トイレ用芳香剤、シャンプー、化粧品、合成洗剤、セッケン、漂白剤など多種多様な有機物が含まれている。これらは、下水道が完備している都市圏では、下水処理場で微生物により処理（4 章参照）され、川へ放流される。しかし、台所からの排水に多く含まれるたんぱく質中の窒素やリンは、現在の下水処理場ではあまり除去されないため、河川、湖沼、海の富栄養化の原因になっている。一方、下水施設がない地域の生活排水は、そのまま河川や湖沼に放流されている。わが国の下水道の普及率は約 79 %であるため（2018 年度）、約 22 %の生活排水がほとんど未処理のまま（トイレについては浄化槽で処理される場合が多い）、河川などへ放流されているのが現状である。

② 農業排水

　農作物の収量を上げるため用いられる大量の化学肥料から、過剰の窒素分やリンなどが雨水とともに流出し、水域の富栄養化の原因となっている。さらに、害虫や雑草の除去のため種々の農薬が散布されているが、これも散布された農薬の大部分が、雨水と共に排出されている。最近では、水道の水源に農薬の混入が確認されているところもあり、飲み水の安全を確保

するため新たな対応が求められている（3.4（3）参照）。現在、農薬には残留性や毒性の小さいものが開発され使用されてきているが、水生生物などに悪影響をおよぼすものが多いと推定されている。

（2） 水質汚染の判定

水の汚れを定量的に評価するための項目は数多くあるが、代表的なものを取り上げる。

① **水温、塩分、透明度、濁度、色度**：水温と塩分は、水塊の分布や水の素性を知り得るデータとなる。透明度と濁度は、水の清濁の程度を表わす指標である。色度は人間の感性によって判定される水の色のことである。

② **pH：水素イオン濃度**であり、酸性、アルカリ性の尺度となる。純水のpHは7であるが、外洋水は8.3～8.4であり、弱アルカリ性である。また、pHの値は光合成によって上昇する。

③ **浮遊物質**（SS：Suspended Solids）：水中に含まれる単位体積当たりの固形の浮遊物質の量のこと、すなわち水中の濁りである。有機物や無機質の鉱物などの浮遊物の存在によるものである。

④ **溶存酸素 DO**：水中に含まれる単位体積当たりの酸素量のこと。この値が一定値以下になると、酸素呼吸する水生生物は生存できない。水質汚濁が進行すると、有機物が酸素を消費するため、溶存酸素が減少する傾向がある。

⑤ **BOD**：水中の有機物量の指標である。水中に有機物が存在すると、これを栄養源として微生物が増殖し、同時に溶存酸素を消費する。このような生物化学的に分解されやすい有機物量を示す指標が**BOD**（Biochemical Oxygen Demand の略、**生物化学的酸素要求量**）である。この値は、試料の水を測定用のビンに入れて密封し、20℃で暗所に5日間保持したときに消費された酸素量を BOD_5 として表示する。単位

バーチャルウォーター（仮想水）

　食糧自給率が約 38%（2019 年度）と低い日本は、世界中から膨大な量の食糧を輸入している。それらの農産物を国内の灌漑農業で生産したとすると、2005 年には年間 800 億 m³（琵琶湖の貯水量の約 3 倍）もの水を世界中から間接的に輸入したことになる。この量は生活、農業、工業用水を合わせた国内年間水使用量に匹敵する量であり、ロンドン大学東洋アフリカ学科・アンソニー・アラン名誉教授がはじめて紹介した概念である。たとえば、1 杯の牛丼ができるまでに 2 リットルのペットボトル 2,000 本の水が必要になる。その内訳は一杯分の精白米の栽培に 280 リットル、牛肉 85 g あたり 1,750 リットル、玉ねぎ 1/10 個あたり 3.8 リットルである。すなわち、日本は海外から食料を輸入することによって、その生産に必要な分だけ自国の水を使わずに済んでいるのである。なお、現在、日本のバーチャルウォーターの輸入先は、1 位が米国、2 位オーストラリア、3 位カナダでその 3 国が大半を占めている。

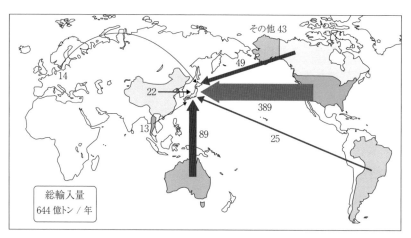

図 3.6　日本のバーチャルウォーター総輸入量
（2000 年度の食料需給データからの推計）

としては ppm（図 6.1 参照）で表わした酸素濃度が用いられ、この値が大きいほど、溶解している有機物の量が多いことを示し、河川の環境基準に用いられている。

⑥ **COD**：BOD の代替的な有機物量の指標。BOD は微生物によって消費される有機物の量を示す指標であったが、たとえば石油のように有機物の中には微生物が消費できないか、消費してもその速度が遅いものがある。このような汚染物質に対しては、化学薬品の酸化剤、過マンガン酸カリウム $KMnO_4$ や重クロム酸カリウム $K_2Cr_2O_7$ によって酸化して分解する。この有機物を酸化するときに使われた酸化剤の量を酸素の量に換算した値を **COD**（Chemical Oxygen Demand、**化学的酸素要求量**）といい、単位は BOD と同じ ppm である。湖沼と海域の有機物量の指標として用いられる。わが国では過マンガン酸カリウムを使うのが一般的であるが、ドイツや米国では酸化力のより強い重クロム酸カリウムが使われている。BOD よりも短時間に測定できる長所があるが、有機物の他に一部の無機物も値に含まれる。

（3） 環境基準達成状況

環境基本法の規定に基づき、人の健康を保護し、および生活環境を保全する上で維持されることが望ましい基準として**環境基準**が定められている。水質については、「人の健康の保護に関する環境基準」と「生活環境の保全に関する環境基準」が定められている。後者については、pH、BOD（河川）、COD（湖沼と海域）、SS、DO、大腸菌群数などが利用目的や現状の水質状況を勘案して基準が定められている。

公共用水域の生活環境の保全に関する環境基準環境基準（BOD または COD）の達成状況の経年変化を図 3.7 に示す。2018 年度の環境基準の達成率は、河川 94.6％、海域 79.2％であるが、湖沼は 54.3％と低い達成率になっている。

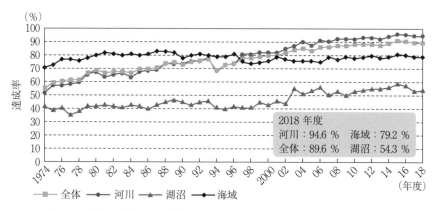

図 3.7　公共用水域の環境基準達成率（BOD または COD）の経年変化
（出典：2018 年度公共用水域水質測定結果）

3.4　都市の水道水

（1）　水道の水源

　大都市の水道では、大量の水を確保する必要があり、そのため水源をほとんどダムや河川等表流水に依存している（図 3.8）。1965 年には年間取水量に対するダム依存率は約 12%であったが、2017 年には 47.7%となり、ダムに依存する割合が増大している。河川水と湖沼からの取水は、それぞれ 25.2%、1.4%であるが、環境基準の達成状況は前節の通りである。

　しかし、ダムにもいろいろ問題があり、例えば、神奈川県の水がめの相模湖では、大雨時に大量の土砂がダムに流入して貯水量の 30%が埋まり、しゅんせつが行われている。さらに、上流の住宅地などからのごみの流入や、夏場には生活排水によるアオコの発生など、けっしてきれいな水源とはいえない状況にある。

　ところで、おいしい水とは「ミネラル、硬度、炭酸ガス、酸素を適度に備えた冷たい水」であるといわれる。10〜15℃ くらいに冷やしたものが適温とされる。また、味をよくする成分であるカルシウムやマグネシウムな

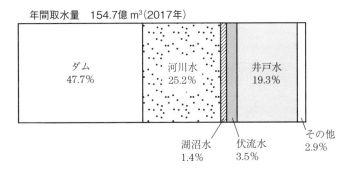

年間取水量　154.7億 m³(2017年)

| ダム 47.7% | 河川水 25.2% | | 井戸水 19.3% | |

湖沼水 1.4%　　伏流水 3.5%　　その他 2.9%

図 3.8　水道水源の種別（日本水道協会 HP より）

どのミネラル分や、二酸化炭素が適度に溶けているとおいしくなる。一方、沸騰させても蒸発しないミネラルや鉄、マンガンなどの量や、有機物が多いと苦味や渋みが増し、水源の状況により、さまざまな臭いが付着したり、また残留塩素が多くなると不快な味となる。質のよい湧き水や地下水（井戸水）が豊富な地域では、それらを殺菌（わが国の水道法では殺菌を十分なものにする目的で、水道水中の塩素濃度が 0.1 mg/ℓ であることを義務づけている）して、そのまま飲料水として使用できる。しかし、源流から遠く、下流になるほど家庭の生活排水や工場排水が混ざるため、原水の状態は悪くなり、浄水場で浄化・殺菌処理をした上で水道水として供給されることになる。

（2）　浄水場のしくみ

都市の水道水が得られるまでの様子を図 3.9 に模式的に示した。浄水場では、まず、河川や湖沼の水を沈砂池に導き、原水中の土砂を沈でんさせる。次に沈でん池において、**凝集剤**（硫酸バンドやポリ塩化アルミニウムなど）を加え、浮遊物質を凝集させて沈でんさせる。その後、ろ過池で砂層を通してろ過した上で、**塩素殺菌**を行い水道水としている。ろ過には、「急速ろ過方式」と「緩速ろ過方式」とがある。**急速ろ過方式**（図 3.9）は、

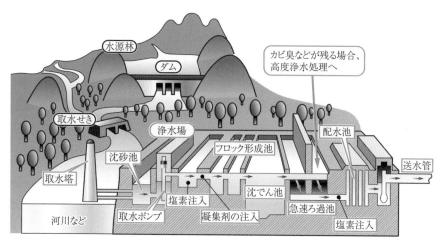

図3.9 浄水場での水処理の概要（急速ろ過方式）

沈砂池で大きな粒子を沈でんさせ取り除いた後、「前塩素処理」として塩素を注入し、アンモニアやマンガン、有機物を分解する。次に凝集剤を投入し、にごりを沈でんさせた上、水を急速ろ過池でろ過（流速1日120 m）し、最後に再び塩素消毒を行う。

一方、**緩速ろ過方式**は、薬品を使わず、流速1日4〜5 mというゆっくりしたスピードでろ過するため、処理水の質はよいが、さらに広い面積のろ過池が必要になるという欠点がある。このため、大都市圏では現在、ほとんどこの方式は採用されていない。

（3） 水道水の有害物質による汚染

都市部は多くが河川の中・下流部に位置するため、水道原水には藻類が産生した有機物質の他、流域の農用地で使用された肥料や農薬、工場排水や下水処理水の中に残存する各種有機物質も存在する。さらに、BODでは評価できない、多種多様でごく微量の化学物質も含まれている。日本の水道水は、今のところ安全であるが、安全を脅かす次のような要因がある。

① トリハロメタン

（2）でみたように、水道水には殺菌のために塩素が添加される。この塩素と水中のある種の有機物（ごみや植物の腐敗したフミン質、下水処理場からの親水性酸など）が反応して、発ガン性の**トリハロメタン**（メタンCH_4の3つの水素原子をハロゲン原子のF、Cl、Brなどで置き換えたもの；代表的なものがクロロホルム$CHCl_3$）という物質が生成されることが知られている。特に有機物汚染のひどい原水を使用すると、トリハロメタンが生成されやすい。

1972年オランダのルークが、アムステルダム水道局の水からクロロホルム（トリハロメタンの60〜90%）を検出し、それは原水には含まれず、水道水を塩素消毒したときに副生することを確認した。74年には、米国のハリスらが「消費者レポート」に「水道水は飲めるか？」という題の論文を発表して、水道水中の有機物が、ルイジアナの住民にがん発生率が高い原因ではないかと推測している。このような警告に対し、米国環境保護庁（EPA）は、こうしたデータを再検討した上で、「水道中のトリハロメタンによる発がん性を証明した結果はない」という見解を表明した。一方、WHOは、「塩素消毒が不十分なため、途上国によっては一日に数千名の犠牲者が出ることを考えると、塩素消毒の徹底こそ必要である」と勧告している。

現在、浄水場ではにごりを沈めてから塩素処理したり、次に述べる高度浄水処理でオゾン処理と活性炭処理によるトリハロメタン低減化の対策がとられている。家庭で水道水のトリハロメタンを除去するためには、数分間煮沸するのがよいといわれている。

② カルキ臭

カルキ臭は塩素の臭いではなく、塩素とアンモニアが結合してできたクロラミンという物質が原因である。し尿混入などで原水の汚濁が進むほど、

アンモニアが多くなり、それによって消費される塩素の量が増えるため、消毒に必要な塩素が増え、カルキ臭が強くなる。

③　カビ臭

カビ臭の原因は夏、ダム貯水池や湖などの水面に発生する植物プランクトンである。

毎年夏場（6〜10月）に、かび臭に関する苦情が多く、90年には被害者が2,000万人を超えた。その後、各水道局では、大量の粉末活性炭を投入してカビ臭対策をしているが、完全な脱臭は困難である。最近は、高度浄水処理の導入などによって被害者数は減少傾向にあるが、依然として深刻な問題の1つである。

④　にごり水

配水管に使われる鋼管は、数年間使用すると内部に酸化鉄の**赤サビ**が生じる。また、1989年に使用を規制されたが、20府県で10%超（2014年3月末）の世帯で使われている鉛管（本管から蛇口までに使用）からは、**鉛**が溶け出し、胃腸障害や不眠、乳児の知能障害などを引き起こす危険性も指摘されている。

⑤　寄生虫

動物の糞などから**クリプトスポリジウム**という寄生虫が水道水に混じり、大規模な集団下痢を引き起こすことがある。96年6月に埼玉県越生町で水道水を介して約8,800人が集団下痢を起こした。クリプトスポリジウムは塩素消毒では死滅せず、煮沸処理などの対策が必要となる。その他、自然界の土壌や淡水中に広く生息して、土ぼこりや水滴の飛散などを介して、人間の生活の中へ侵入してくる**レジオネラ菌**による汚染は、特に水道のホースの中などに繁殖しやすいため、注意が必要である。

⑥　農薬

近年、全国の水道事業体の多くで、わずかな量のある種の農薬が水道水

の中に入っていることが分かっている。そのメカニズムは田畑にまかれた農薬が雨と共に農業排水路に流れ出て、川に流れ、下流の浄水場に取り入れられるものである。浄水場の浄水操作の段階で大部分の農薬は取り除かれるが、一部はそのまま水道水中に混入して給水されることがある。農業排水路へ農薬が完全に流出しないようにすることは難しく、浄水場で対応せざるをえない。従来は、個々の農薬45種類について個別に規制していたが、水道水に混入する農薬は、それぞれが微量でも複数の農薬が足し合わさった場合には、健康への影響がある可能性がある。そこで、現在では

環境庁選定「名水百選」、柿田川

　1985年、環境庁（当時）が日本の各都道府県から寄せられた情報を元に水質保全・保護を目的として飲用できる湧水に限らず、井戸や川、用水までも対象として選出した名水百選の中に"柿田川"がある。この柿田川は静岡県清水町のほぼ中心部を南北に流れる、全長1.2 kmの狩野川の支川であり、富士山周辺で降った雨水や雪どけ水が地面にしみこみ、長い歳月を経て地下水となって湧き出して出来たものといわれている。1日約100万t（およそ25 mプール2,000杯分）の水が湧き出していて、沼津市など周辺の市町村の飲み水として利用されている。現在は公園として整備され、箱根を下った国道1号線のすぐ左側にあり、その清流を楽しむことができる。

図3.10　柿田川の流れ（(財)柿田川みどりのトラスト©より、禁無断転載）

主な農薬120種類を水質管理設定項目に指定し、検出された農薬の濃度の総和をとる複合リスクの考え方に基づく**総農薬方式**と呼ばれる方法で管理されている。

その他に、集合住宅やビルの受水槽の汚濁の問題、ヒ素やトリクロロエチレンやテトラクロロエチレンなどの有機塩素系溶剤による地下水汚染などの問題がある。89年の水質汚濁防止法の改正によって、地下水の常時監視などが措置されたが、地下水汚染は進行している。

（4） 高度浄水処理

安全な飲み水を確保するための対策の1つとして、高度浄水処理が拡がっている。通常の浄水処理は、主に沈でん、ろ過、塩素処理の3段階であるが、これに**オゾン**と**活性炭**による処理を加えたシステムが、**高度浄水処理**である（図3.11）。

オゾン（O_3）には農薬やカビ臭、トリハロメタンなどを強力な酸化力で分解する作用があり、活性炭には表面に無数の微小な穴やくぼみがあり、そこでの吸着作用と、活性炭表面で繁殖した微生物による分解作用との併

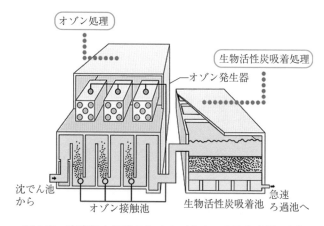

図3.11　高度浄水処理のしくみ（東京・金町浄水場の例）
（東京都水道局ホームページより）

用で汚濁物質を除去できる。ただし、オゾン処理で臭素酸という毒物が生成する場合がある。なお、高度浄水処理には凝集沈殿＋急速ろ過の前段に「生物処理」を配置した高度浄水処理フローもある。生物処理とは、微生物を付着繁殖させた担体に原水を接触させることにより、有機物、アンモニア、臭気、鉄、マンガンなどを生物酸化作用によって除去するプロセスである。

　厚生労働省によると、水質のよくない東京都の江戸川から取水している金町浄水場や、淀川水系から取水している大阪府営水道など、2006 年ま

水道料金の地域格差

　水道事業は、地方公営企業法の適用がなされ、受益者負担の原則による独立採算制を基本に、地方自治体が独自で運営している。そのため、水道布設年次、水道建設費の多寡など給水地域における地理的、歴史的要因をはじめ、人口密度（使う人が少ないと料金収入に対して費用が割高）、生活様式等による需要構造等の社会的要因の違いにより、**内々価格差**が大きい。

　最新のデータ（『水道料金表（2019 年 4 月 1 日現在）』日本水道協会）では、家庭で 20 m³ の水を使う場合、全国で最も安い兵庫県赤穂市は 853 円、最も高い北海道夕張市では 6841 円と約 8 倍もの料金格差が生じている。また、同規模の都市間でも 1.5 倍から 2 倍程度の料金差が認められる。

　世界の水道料金の**内外価格差**については、各国の水利条件、水質、水を使う量などに違いがあることから、厳密な比較は困難である。このような制約のなかで、日本の一般的な家庭が、1 月あたりに使用する水の量である 20 m³ を使う場合の料金を比較すると、日本の水道料金は、イギリスとほぼ同じ水準であり、フランス、ドイツに比べて割安であるが、アメリカに比べると割高となっている。

　最近、人口減少や節水による需要低迷に加え、老朽化した設備の更新負担が重く、採算が悪化している自治体が多く、全国で水道料金の値上げに踏み切る自治体が相次いでいる。

でに全国で 355 箇所（浄水場の 5.9％）で、高度浄水処理施設が導入され
ている。これは、安全な水を供給するという点においてたいへん有効な対
策の 1 つであるが、いくつか問題点もある。維持管理費用の増大と予期せ
ぬ水質悪化や、未知の化学物質に対応できるかといった課題である。

　この高度浄水処理を導入しても浄水場での対応には限界があり、原水を
できるだけきれいに保つことが重要であり、上流から下流まで流域全体で
の総合的な水質保全に取り組む必要がある。さらに、関東や関西の大都市
圏では、1 つの水系から多数の市町村が水を取水しているが、浄水場の取
水口と下水処理施設の排水口とが混在しており、下流になるほど水道の原
水の状態が悪くなっている。この原因は浄水場の管轄は厚生労働省、下水
道は国土交通省と違い、水利用の優先順位も、下水道の方が浄水場よりも
上位にあるといった縦割り行政の弊害がある。最近ではより安全でおいし
い水を求めて、浄水器や市販のミネラルウォーターへの依存度が年々高く
なってきている。水道水をそのまま飲む人は約 30％になり（2011 年横浜
市調査）、家庭での浄水器の普及率（2011 年度）は全国で約 40％となって
いる。またミネラルウォーターの消費量はこの 10 年で約 1.6 倍になり、1
人あたり年間約 31.7 ℓ（2018 年）と、水道水に対する信頼が揺らいできて
いる。この消費量を欧米諸国と比べると、英国とほぼ同量であるが、米国
やドイツ、フランス、ベルギー、スペインなどの約 1/5 程度となっている。

さらに詳しく　＊下記項目の詳しい解説は、『新・地球環境百科』各ページを参照。

演 習 問 題

3.1　逆浸透膜による海水淡水化について、その仕組みを調べよ。

3.2　河川に有機物が流入すると酸化分解されるが、その分解速度はどのような環境因子によって影響されるか調べよ。

3.3　BOD の測定は日本とイギリスでは 5 日間が標準であるが、国によっては 7 日、10 日、14 日間など長期間が基準とされている。その違いは何に基づくと推定するか。

3.4　一般に COD＞BOD であるが、その理由を考えよ。

3.5　マヨネーズ大さじ 1 杯（15 mℓ）を下水に流したとき、もう一度魚が住める程度の水質（5 ppm 以下）にするための希釈に必要な水の量はどれぐらいであるか調べてみよ。

　　答え：約 3,600 ℓ。醤油 120 mℓ、使用済みてんぷら油 18 mℓ でも同量の水が必要。

3.6　上水道は厚生労働省、下水道は国土交通省、農業用水は農林水産省、発電用水は経済産業省がそれぞれ監督官庁である。このような縦割り行政によって、わが国の水利用においてどのような弊害が存在するか考えよ。

3.7　市販のミネラルウォーターについて、わが国のものとフランスなど外国産のものと比較し、成分にどのような違いがみられるか調べよ。

3.8　飲み水の安全性の面から問題になっているものを列挙して、現状と対策について論じよ。

3.9　浄水場でのトリハロメタンの生成は、アンモニア性窒素の量が増すと増大する。そのメカニズムを考えよ。

3.10　中国、特に北京周辺部では、人口や産業の集中によって慢性的な水不足に陥っている。中国政府が進めている "南水北調（南の水を北部に運ぶ）" というプロジェクトについて、調べてみよ。

4　都市の環境問題と自然

　戦後高度成長期の工業化・都市化を経て、日本全土で国土が大きく変貌した。20 世紀の 100 年間で、東京首都圏の市街地面積と人工排熱はそれぞれ 100 倍になった。都市内河川の 80％が埋め立てられるか、下水道化し、海岸も人工化が進み、自然のままの河川や海岸は現在ではごくわずかである。また、われわれが使った生活排水によっても、河川は汚染されている。水質汚濁を防止するための、根本的な方法は、水域に汚れた排水を出来る限り放流しないことであり、下水道の整備が重要である。一方、東京湾の埋め立てや諫早湾の干拓事業などによって、干潟の消滅が危惧されている。さらに、ヒートアイランド現象も都市化特有の問題として深刻になってきている。

4.1　下水道

（1）　下水道のしくみ

　近年、人口が集中する都市部では下水道の整備が進み、都市の河川の水質は、1970 年代と比べ著しく改善された。2019 年 3 月 31 日現在、全国の下水道普及率は 79.3％（下水道利用人口／総人口）である。都道府県別では、東京都が最高で 99.6％、最少は徳島県の 18.1％、人口 100 万人以上の都市では約 99％と高いが、人口 5 万人未満では約 50％と低くなっている。これは人口密度が低い地域、特に農村部や山間部の場合には、下水道の敷設が工事やコスト面から困難なためである。このような地域では、生活雑

排水とし尿を同時に処理する**合併浄化槽**の普及が効果的である。イギリス、オランダ、ドイツ、スウェーデンなどのヨーロッパ諸国では、下水道の普及率はほぼ100%である。イギリスでは、ここまで下水道を広めるのに、150年以上の年月がかかっている。日本では、下水道が明治初年に横浜と神戸の外国人居留地に造られたが、各地に広がり始めたのは、つい30～40年ほど前からである。

　下水道には、下水を下水処理場に運ぶ方式によって、家庭排水と雨水を同じ管で流す**合流式**（東京や大阪などの大都市部に多い）と、図4.1のように別々の管で流す**分流式**（70年代以降に主流）がある。また、それぞれの市町村が下水を処理して川や海に流す**公共下水道**と、いくつかの市町村の水を集め、効果的に処理する**流域下水道**とに分けられる。わが国のほとんどの下水処理場では、微生物の働きを利用して下水を処理（生物処理）し、きれいな水によみがえらせている。標準的な好気性微生物を水中に浮遊させた状態で用いて処理する**活性汚泥法**による下水処理の工程を図

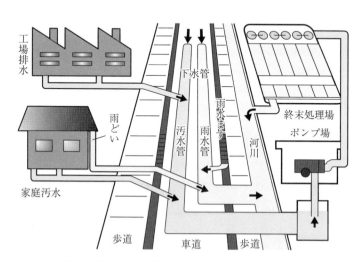

図4.1　分流式下水道の仕組み
　　　（(社)日本下水道協会のホームページより）

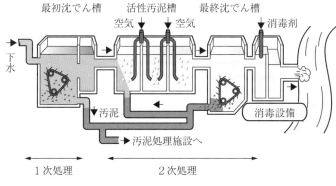

図 4.2　下水処理場での処理工程（1次・2次処理）
（(社)日本下水道協会のホームページより）

4.2 に示す。

　まず、下水処理場に到着した下水は、最初沈でん槽に導かれ、この槽の中をゆっくりと静かに流れ、その間に、沈でんしやすい汚い物質を除く。ここで沈でんした汚泥を汚泥寄せ機などで静かに集め、汚泥処理施設に送る。この段階が**1次処理**といわれる。最初沈でん槽に導く前に、大きな固形物や油分をスクリーン（金属製網）で除去する場合も多い。

　一方、汚泥を取り除いた下水は、活性汚泥槽に送られる。この槽では、最初沈でん槽から流れてきた下水に、空気を送り込み、ばっ気（水槽にエアストーンを入れ、空気をブクブクさせるような状態）により好気性微生物を繁殖させる。繁殖した微生物は、下水中の有機物を利用して増殖し、互いに凝集して粗大粒子（フロック）となり沈降する。これが**活性汚泥**と呼ばれるものである。この槽を6～8時間程度かけて処理した下水は、最終沈でん槽に送られる。

　最終沈でん槽では、活性汚泥槽で大きなフロックとなった活性汚泥を沈でんさせる。この活性汚泥を取り除き、汚れを90％以上なくした、きれいな水（上澄水）を消毒設備に送る。また、沈でんさせた活性汚泥は、汚

泥かき寄せ機などで静かに集め、その一部は、再び活性汚泥槽で用いるため、活性汚泥槽に返送汚泥として戻される。残りの活性汚泥は、余剰汚泥として汚泥処理施設に送る。余剰汚泥の処分方法としてはコンポスト（堆肥）、焼却、メタン発酵などが行われている。最終沈でん槽から出た上澄水は、消毒剤（次亜塩素酸ナトリウム溶液、液化塩素など）を接触させて消毒される。この消毒した水が**2次処理水**になり、河川、湖沼、海洋などの公共用水域に放流して自然に戻すが、工業用水や電車の洗浄水などとしても再利用されている。なお、近年、人口の少ない市町村などの小さな下水処理場では、経費がかからず、運転管理が容易なオキシデーションディッチ法といわれる処理法が多く採用されている。この方法は最初沈でん槽がなく、また、活性汚泥槽の代わりにオキシデーションディッチ（長円形の細長い溝）があり、最終沈でん槽と消毒設備が一緒になっているものである。

（2） 下水の高度処理

現在、ほとんどの下水処理場では、主として前節で述べた活性汚泥法により排水が処理されているが、窒素、リンの除去には有効ではない。したがって、処理水が放流された水域では、こうした窒素、リンなどの栄養塩類が多くなる富栄養化の問題が起こっている。また、処理水の放流水域の水質環境基準の達成維持、処理水の再利用、放流水域の利水対応などのため、2次処理水よりも水質を向上させる高度処理が必要な地域が増えている。

活性汚泥法で窒素とリンを十分除去できない理由は、微生物の細胞を構成している炭素（約50％）に比べ、窒素（15％程度）とリン（3％程度）の割合が低く、この細胞の元素の構成比以上には窒素とリンを取り込まないからである。このため、過剰の窒素とリンが2次処理水中に残ることになる。そこで、高度処理では化学薬品を用いて窒素とリンを除去する。

2次処理水から、まずリン（PO_4^{3-}）を除くため、消石灰（$Ca(OH)_2$）

を加え、ヒドロキシアパタイト（$Ca_5(PO_4)_3(OH)$）として沈でんさせる。これにより、リンを固形分として除去できる。次に水中に残っている窒素（NH_4^+）を除くため、消石灰を過剰に加えてアルカリ性（$pH = 11$）にして空気を吹き込むと、NH_4^+はアンモニア（NH_3）の気体として大気中に放出される。この操作をアンモニアストリッピングという。その後、二酸化炭素を吹き込み、水を中性にして、炭酸カルシウム（$CaCO_3$）を沈でん除去し、活性炭で有機物を吸着し、塩素消毒して放流する。

（3）　下水道の問題点

高度処理は富栄養化の防止のためにきわめて有効な方法であるが、薬品

雨の日の東京湾

　東京湾の水質はずいぶん改善され、お台場海浜公園（港区）も整備され、都心に近いウインドサーフィンのスポットなどとして親しまれている。しかし、東京都23区部の下水道システムの約80%が合流式下水道であり、台風や集中豪雨の季節には、汚水と雨水の比が1対50〜100にもなるため、下水処理場の処理能力を超える恐れがある場合、大量の雨水が混ざった生下水がそのまま放流されている。そのため、お台場周辺や羽田空港近くでは、油の塊（オイルボール）や汚物が浮遊して悪臭の原因になったり、大腸菌群数が晴天時の100〜1,000倍にも達するなどの問題が起きている。

図4.3　お台場ビーチ（06年2月撮影）

を多量に用いるため多額のコストがかかる。2009 年度末時点、全国で
2,035 個所の稼動している下水処理場のうち、349 個所において、試験的
に種々の方法で高度処理が行われているにすぎない。さらに、この方法の
欠点として、水中の NH_4^+ が NH_3[1] として大気中に放出されることになる
こと、ヒドロキシアパタイトと炭酸カルシウムを燃焼炉で処理して生石灰
（CaO）とし、消石灰（CaO に水を作用させて生成）として再利用するた
めの消費エネルギーがきわめて大きいことがあげられる。したがって、こ
の化学薬品を用いる方法に替わる方法の開発が求められる。

　一方、古い下水道の方式である合流式では、雨天時、特に大雨のとき、
大量の雨水が下水処理場に流入すると施設が破壊される恐れがあるため、
ポンプ場で下水の一部を未処理のまま河川や海に放流する。それにより、
河川や海の大腸菌が通常の 1,000 倍になったり、赤潮の原因となったりす
るため、合流式の改良や分流式への変更が必要となっている。われわれが
負担している下水道料金は、ほぼ水道代と同額であるが、下水処理にかか
るコストはきわめて大きく、施設の維持管理や更新費用などの約半額は税
金でまかなわれている。

4.2　河川の治水対策

　これまでの日本の河川の治水対策は、水害防止のためのダム建設や堤防
強化に重点がおかれ、下流域の都市開発は大きく進展した。しかし、コン
クリートの三面張りに代表されるような河川をまっすぐにし、できるだけ
早く海へ流すという考え方による人工化は、生態系を壊し、景観を損ねる
結果となった。

　一方、国土交通省の調査では、1978〜92 年の 15 年間で 23.95 km² の砂

1）人の健康を保護し生活環境を保全する上で維持されることが望ましい基準として、「環境基
　準」が定められている。

浜が消失した（東京都の新島の面積に相当）。おもな原因は、

① 高度成長期にダムが相次いで建設され、建設用に河川での砂利採取が続いたため、河川から海に流れ込む土砂が減少したこと。砂利の採取は禁止されても、護岸工事の影響もあり、上流から流れ込む土砂は増えない。

② 津波や高潮対策で築いた防波堤などが海から移動してくる砂をせき止めたこと。本来流れてくるはずの砂が来なくなり、浜の砂は波に流し去られる一方になった。

これらの原因になった工事は1960年代以降の高度成長期に集中したため、それらに起因する海岸浸食もその時代に集中的に起こった。砂浜の浸食が激しい場所に、波消しブロックを置いて波が砂浜を削らないようにしたり、砂を足したりするなどの対策が講じられているが、効果は限られ、別の場所で浸食が進むなどの問題が起きている。千葉県九十九里浜、「羽衣の松」伝説で知られる静岡県三保の松原海岸、神奈川県湘南海岸など美しい砂浜が消滅の危機に直面している。

表 4.1 日本の中規模以上の 782 ダムの土砂堆積量（2002 年国土交通省調べ）

50%以上堆積	44	20%以上堆積の 124 ダム	
90%以上堆積	3	木曽川	13
最高　97.7%		天竜川	9
		大井川	9
		利根川	7
		庄　川	7

ダムの問題はこのような砂浜の浸食の他に、いろいろあるが、最も大きなものは、ダムが造られると、上流から土砂が流れ込んでダム内に堆積していくことである（図4.4）。表4.1のように日本の中規模以上のダム782の内、土砂が20%以上堆積しているダムが124箇所もある。この中には、木曽川、天竜川および大井川など、中部地方の川の流域に土砂の堆積が目

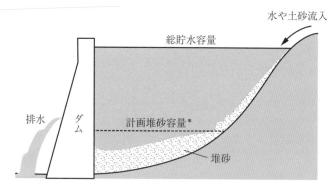

図 4.4　ダム湖の土砂堆積のメカニズム（＊100 年間に溜まる土砂の量）

立つものが多い。たとえば、天竜川の支流の三峰川の美和ダム（長野県）は、洪水を防ぐだけではなく、発電や農業用水として利用され、流域の水田面積はおよそ 2 倍に増えた。しかし、建設されて 50 年以上経ち、東京ドーム 40 杯分もの土砂が溜まって、ダムでせき止められた湖が浅くなり、ダムの機能がほとんどなくなってしまった。土砂の除去作業も行われているが、土砂の溜まる量の方が多く、効果がほとんどないのが現状である。そこで、現在、三峰川の下流では、ダムに代わる洪水対策として、400 年以上前の伝統的工法である霞堤が見直されている。これは、図 4.5 のように堤防の一部に、流路方向と逆向きの出口をあらかじめ造っておき、洪水時には洪水流の一部をここから逃がし、洪水の勢いを弱め、下流側で再び流路に取り込むといった治水技術である。

　霞堤は、現在、石川県・手取川、愛知県・豊川や関東の荒川上流など全国 60 以上の河川にある。このように、近年、川は氾濫するものであると認識し、災害に強い街づくりをしようという動きが進んでいる。外国でもドナウ川上流に氾濫原を回復させたり、ドナウ川の一部に世界最初の氾濫原国立公園が造られたりしている。

　地球温暖化が進む中、近年は台風の大型化や出現頻度の増加、異常気象

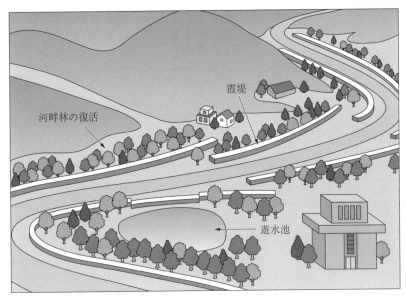

図 4.5　霞堤とダムに代わる河川の治水対策の例

による局地的集中豪雨などによって、豪雨災害が増加している。治水に投じられる国費は年間約 1 兆円であるが、治水とダムによって、水を河川の中に閉じ込める治水事業のほか、補助的な方策として川底を掘るしゅんせつ、川幅の拡張などがある。平野部に遊水池（地）を造って雨を一時的にためておくこと（図 4.5）や地下神殿ともいわれる首都圏の低地に造られ、中小河川の雨水を地下の放水路にため、下流に排出する仕組みも設置されている。

　一方、生態系の保全を図る河川対策として、自然の力を生かす治水が見直され、護岸に伝統的工法を活用したり、コンクリートの代わりに、鋼鉄の枠の中に自然石をつめたり、ポーラスコンクリート（砂利だけをセメントで接着したもの）を堤防建設に使うなど、河川と岸に生態系を取り戻すよう留意する例が増えている。欧米では、近年の傾向として堰を開いたり、

古くなったダムを取り壊して生態系を回復させる事例が増えている。日本では国内初のダム撤去工事が、2012 年 9 月より荒瀬ダム（熊本県八代市）で始まり、2018 年 3 月ダム撤去工事が完了した。

4.3　干潟・湿原の保全

　湿原や干潟は、水質浄化、水の供給、生物多様性の維持などの観点から自然保護の上できわめて重要な場である。湿地や干潟の保護については、1971 年に締結された**ラムサール条約**があり、この条約に登録されるとその保護が義務付けられる。わが国では釧路湿原、谷津干潟（千葉県）、三方五湖（福井県）など 52 カ所（2018 年時点）、総面積では 1,547 km^2 がこの条約に登録されている。名古屋市の**藤前干潟**は、一時ゴミの埋め立て処分場にされかけていたが、市民の反対により守られ、2002 年、ラムサール条約に登録された。最近では、干潟や湿地の重要性が認識され、人工干潟、人工湿地、人工浅場の造成が各地で試みられるようになってきている（図 4.6）。

　湿地や干潟は自然環境の豊かな場所であるが、水深が浅く埋め立てやすいこともあって、戦後の工業化の中で埋め立てられ利用されてきた。日本最大の湿原である**釧路湿原**では、戦後から 2000 年にかけて農耕地の開発などで乾燥化が進み、湿原が約 3 割減少した。このような湿原の乾燥化が進むと、湿地の泥炭が分解してメタンの発生が増す。メタンは CO_2 よりも温室効果が大きく、地球温暖化にも影響する恐れがある。

　潮の干満に応じて干出と水没を繰り返す平坦な砂泥地である干潟は、内湾や入り江に流れ込む河川の河口域の地形によって、図 4.7 に示すように**前浜干潟、河口干潟、潟湖干潟**の 3 つのタイプに分かれる。前浜干潟は、大きな川の河口域の前浜に発達したもので、潮干狩などを親しむことができ、東京湾富津干潟、三河湾一色干潟、有明海などが有名である。河口干

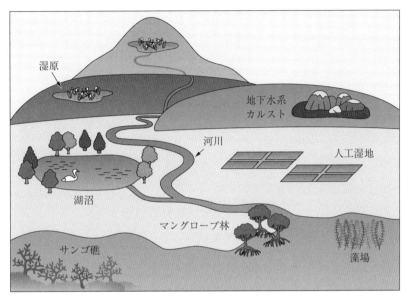

図4.6　干潟や湿原のおもなタイプ

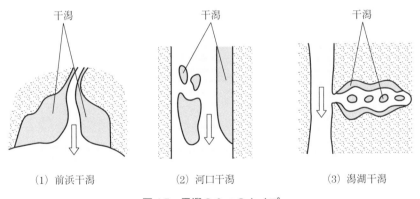

図4.7　干潟の3つのタイプ

潟は、河口域の河川内にできる干潟であり、前浜干潟より規模が小さく、淡水の影響を受けやすく、生物の種類は単調になりがちである。石狩川、大井川、木曽川などにみられる。潟湖干潟は砂州などによって、海や河口

の一部が囲い込まれてできる半ば閉鎖された潟湖の中の干潟であり、北海道・サロマ湖、宮城県・蒲生干潟、宮崎県・大淀川河口などがこれに該当する。

　干潟やその周辺の浅い海は、日光、栄養分、酸素が豊富にあるため、種々の生物（藻類、ゴカイ類、カニ類、貝類など）が生息している。東京湾や伊勢湾などの閉鎖的な内湾（潮の干満や潮流が穏やかで海水が停滞しやすく、表層と深層の海水があまり混じらず、深層では酸素が欠乏しやすい）では、陸上からの栄養分（有機物や窒素、リンなど）がたまり、富栄養化の状態となって、しばしば**赤潮**とよばれる植物プランクトンが異常増殖し、海が赤色や褐色に染まる現象が生じている。その結果、溶存酸素が欠乏し、魚介類が死滅することがある。このような現象に対し、干潟は、富栄養化を抑制する働きがある。すなわち、多くの生物が栄養分を吸収し、次にそれらの生物が他の生物に捕食される食物連鎖によって、栄養分は次々に消費され、豊かな生態系が形成されている。最終的には鳥や魚の捕食やわれわれの漁業によって、栄養分は干潟の外部に運ばれる。このように、干潟は豊かな自然と生態系が形成されるとともに、水質の浄化機能をもっているので、海域環境保全の観点からきわめて重要な場所である。また、**湿地**も干潟と同様な機能がある。

　干潟や湿地は自然環境の豊かな場所であるが、水深が浅く埋め立てやすいこともあって、戦後の工業化の中で埋め立てられ利用されてきた。1978〜90年に消滅した干潟は、20都道府県から報告され、その総面積は38.57 km^2 であった。海域別では、有明海、別府湾、東京湾、伊勢湾、沖縄島、八代海で大規模な干潟の消滅がみられた。有明海の 13.57 km^2 の消滅面積が最大で、総消滅面積の約35％を占めた。1997年の環境庁（当時）の調査によると、全国の干潟面積は 493.8 km^2 と、かつて約 800 km^2 あった日本の干潟の約3割が減少した。

　長崎県諫早湾の奥に位置する**諫早干潟**は、ムツゴロウをはじめ多様な生物で知られていたが、農地造成や高潮・洪水対策を目的とした農水省の干拓事業に基づいて、干潟と海を遮断する潮受け堤防が作られ、1997年4月に閉め切られた。以後20年余り経過して、プランクトンの異常発生でおきる赤潮が頻発するなど海洋汚染は深刻になってきている。特産のノリの養殖に被害が出ているばかりでなく、アサリやタイラギといった二枚貝などの魚介類が急減してきている。有明海全体では、そのほかに潮の干満の差が減少、海の透明度の低下、水温の上昇などの環境の変化が観測されている（図4.8）。日本の干潟の総面積の4割に当たる広大な干潟が、有明海の水質を浄化してきたが、干拓事業によって干潟が減少し、浄化能力が徐々に失われてきている。

　一方、千葉県市川市と船橋市にまたがる**三番瀬**は東京湾奥部に残された最大級の干潟で、シギ、チドリ類をはじめ多くの渡り鳥の中継地点になっている。千葉県は三番瀬12 km²のうち、約3分の2を埋め立て、道路・

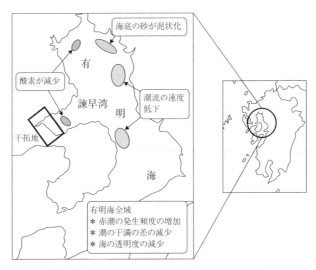

図 4.8　諫早湾周辺の干拓による環境の変化

港湾施設などを建設する計画を立てていたが、自然保護団体の反対運動などで 1999 年 10 月に、埋め立て面積の縮小をはかった。さらに 2001 年には環境大臣が埋め立て計画の全面的見直しを県に迫った。現在、干潟の埋め立て工事は中断されているが、昭和 40 年代の三番瀬干潟に流れていた時計回りの海流は、まわりの干潟が埋め立てられたことにより、流れがほとんどなくなり、そのため、干潟から水を浄化する貝類などの生物が減少している。さらに、川から流れ込んだ泥が干潟にたまりやすくなり、悪臭を放つなどの問題が生じている。このような泥の堆積により海中の酸素が少なくなり、生物が減少するなど生態系に対する影響が出ている。

4.4　ヒートアイランド

　都市部は、郊外や周辺の農村部よりも比較的暖かく、自動車、工場、炉、空調、照明、熱を吸収する黒っぽい屋根や壁面、街路により発生する膨大な熱量が発生する。**ヒートアイランド**（熱の島）とは、大都市の気温が周辺部に比べて上昇し、気候の変化やエネルギー消費の増大、健康被害などを招く現象のことで、熱汚染ともいわれる。東京都の中心部の上昇温度は、地球の平均気温が 100 年間で約 0.6℃上昇しているのに対して、3℃／100 年の割合で上昇している。この原因は大きく分けて次のようなものが考えられている。

① 　建物や舗装道路などによる地表面被覆の増加

② 　排煙、自動車、空調システムなどによる人工排熱の増加

③ 　緑地帯の減少

　特に夜間は、昼間に蓄熱した舗装道路やビルの壁面からの放熱により、熱帯夜となる。夏場、冷房需要が増えると、屋外の気温は一段と上昇するが、電力需要の増大に伴い、CO_2 排出量がさらに増し、温暖化が一層進むという悪循環を引き起こす。

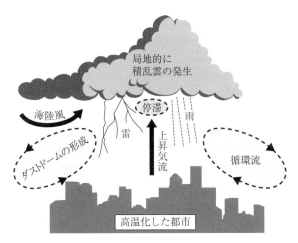

局地的に
積乱雲の発生

海陸風

停滞

雨

雷

上昇気流

ダストドームの形成

循環流

高温化した都市

図 4.9　局地的集中豪雨の発生のイメージ

　ヒートアイランドの影響として、夏季は、図 4.9 のように地上の高温域の出現が、局地的積乱雲の発生による 1 時間に 100 ミリ近い大雨を短時間に降らせ、浸水、洪水をもたらす集中豪雨の発生がまず挙げられる。一方、冬季は、晴れた風の弱い夜には放射冷却が起こり、上空よりも地面近くの温度が低い層（逆転層）が形成されるが、都市では逆転層の下に暖かい空気がたまり、上空にふたをされたような状態になる。その結果、大気がよどみやすくなり、汚染物質が滞留する。このような現象をダストドームといい、大気汚染を助長する。その他、真夏日や熱帯夜の増加に伴い、熱中症の発生が増える恐れがある。ヒートアイランドは、冷房需要を増加させ、結果として人工排熱が増えることになって、さらに気温の上昇をまねき、生態系への影響として、都市の気候が亜熱帯化し、病原体を媒介する微生物の北上などが予想される。

　ヒートアイランドに対する対策としては、エネルギーの消費や自動車の利用を抑制することが重要であるが、緑地を増やすことによる気温低下も効果的である。建物については、壁面や屋上の緑化、排熱の地下排出など

が試されている。都市計画では、東京の場合には、風の通り道を確保することが重要であり、東京湾などからの海風や川沿いの風を生かした都市づくりも有効であると考えられている。

　近年、東京都や各区では、「打ち水」、「屋上緑化」、「壁面緑化」や太陽光を反射しやすい建物塗装で地上に熱がこもらないようにする対策に取り組み始めた。また、霧吹き冷却（ドライミスト：直径0.016 mm程度の微細な霧を3 mの高さから噴射し、気化熱で気温を2〜3℃下げる）により局所的に温度を下げる取り組みも駅のホーム、商店街、工場などで利用が広がっている。

　韓国・ソウルの**清渓川**（チョンゲチョン）は、高架道路の下の暗渠であったが、2005年、環境に配慮した人工河川として半世紀ぶりに復元された（図4.10）。復元前の高架道路地区は、ソウルの平均気温より5℃以上高い熱源であったが、風の遮蔽物だった高架道路がなくなり、川にそっ

図4.10　ヒートアイランドの緩和に役立った清渓川の再生プラン

た風の道ができたことが実証された。さらに川の表面温度が道路より約
10℃低くなることが確認され、アスファルトに覆われていた部分が、川の
水の上を流れる風や水により気温が大幅に低下して、ヒートアイランド現
象を大幅に緩和する効果も認められた。

さらに詳しく ＊下記項目の詳しい解説は、『新・地球環境百科』各ページを参照。

下水道　140 ／ 下水の高次処理　142 ／ 中国の三峡ダム　8 ／
ヒートアイランド現象　131 ／ 干潟　49 ／ 諫早湾干拓　50 ／ 富栄養化　47 ／
青潮　48 ／ 赤潮　48 ／ アオコ　49 ／ 藻場　51 ／ 釧路湿原　52 ／
脱ダム宣言　52 ／ 川辺川ダム　53 ／ 海岸の浸食　53 ／ 自然再生　61 ／
ビオトープ　62

演 習 問 題

4.1　好気性微生物の働きを利用して下水を浄化する方法を好気性生物処理とよ
　　び、図 4.2 の活性汚泥法やオキシデーションディッチ法など種々の方法が
　　ある。他にどのようなものがあるか調べて特徴を比較せよ。

4.2　下水処理場に流入する窒素とリンは、それぞれどのような排水に多く含ま
　　れているか調べてみよ。

4.3　下水処理場では、季節の変わり目に処理が難しくなり、対応が求められる
　　ことが多いといわれる。その原因について考察せよ。

4.4　産業排水の場合、重金属や有害物質を含んでいることが多く、本章で述べ
　　た下水処理場とは異なる処理法が用いられる。一般にどのような処理が行
　　われているか説明せよ。

4.5　江戸時代「箱根八里は馬でも越すが、越すに越されぬ大井川」とうたわれ
　　た静岡県中部を流れる大井川流域におよぼしたダム建設の影響を考察せよ。

4.6　諫早干潟および三番瀬干潟の現状を調べてみよ。

4.7　2001 年 2 月、田中康夫長野県知事の「脱ダム宣言」は、全国でダムをめぐ
　　る種々の議論をまきおこした。どのような議論があったか、調べてみよ。

4.8 東京、名古屋、大阪などの大都市について、1960年ごろから現在までの平均気温の変化を調べて、ヒートアイランド現象を確認せよ。また、この結果を中小都市の場合と比較せよ。

4.9 東京湾、三河湾、大阪湾などでは近年、「青潮」が発生して問題となっている。赤潮との違いを調べてみよ。

5 人間活動による大気汚染

　大気汚染には自然起源と人為起源がある。自然起源には、黄砂のような風で飛散する塵、山火事や火山噴火により放出される各種汚染物質、植物から放出される揮発性有機化合物などがある。これらの汚染物質の大半は、拡散や降雨、重力などによって物理的に除去される。本章では、人為起源の大気汚染である酸性雨、光化学スモッグ、オゾン層の破壊、微小粒子状物質 $PM_{2.5}$ などの原因、影響および対策などを考える。

5.1　大気汚染

　人為起源による大気汚染は、産業や交通などの人の活動によって排出される物質が地域やあるいは国境を超える広範囲で大気を汚染するものである。大気汚染物質には、石油や石炭、天然ガスなどの化石燃料の燃焼にともなって生じる**硫黄酸化物**（SO_x、ソックス）、**窒素酸化物**（NO_x、ノックス）[1]、**浮遊粒子状物質**（SPM）や産業活動で使用され大気中に放出されるベンゼンやトルエンなどの揮発性有機化合物などがある。

　工場排煙や自動車排ガスが引き起こした健康被害をめぐる**大気汚染訴訟**は、西淀川、尼崎、川崎、名古屋南部公害訴訟などがある。これら４つの

---

1) SO_x には、一酸化硫黄（SO）、二酸化硫黄（SO_2）、三酸化硫黄（SO_3）、NO_x には、一酸化窒素（NO）、二酸化窒素（NO_2）、一酸化二窒素（N_2O）などが含まれる。

訴訟は、いずれも 1970 年代から 80 年代にかけて第一次提訴が行われ、企業側が解決金を支払い、国が汚染物質削減などの環境対策に取り組むことなどを条件に 2001 年までに全て和解が成立した。この種の訴訟の端緒となった四日市ぜん息訴訟のような大気汚染物質の排出源が特定の工場群に限定されているタイプの公害問題から、大小の工場、自動車、ビルなど多種多様な発生源による都市複合型汚染へと訴訟の対象となる問題のタイプが変遷してきている。大気汚染物質も、工場排煙中の SO_x から工場と自動車排ガス中の NO_x、自動車排ガス中の SPM まで、判決で健康被害への影響が認められるようになった。

　一方、96 年に提訴された**東京大気汚染訴訟**では、初めて自動車メーカーを被告に加えて責任が追及された。2007 年 8 月に成立した和解では、(1) 国、都、首都高、メーカーの資金拠出による医療費助成制度の都による創設、(2) 国、都、首都高による道路環境対策の実施、(3) メーカーから原告への解決一時金計 12 億円の支払い、(4) 和解条項の円滑な実施に向けた連絡会設置、が盛りこまれた。東京高裁は和解勧告で「工場に隣接した住民が原告となり、多くで因果関係が認められた他地域の訴訟と、原告が広範囲にわたる今回の訴訟は同列に論じられない」と指摘した。

　近年、工場や事業場など大気汚染の**固定発生源**に対する対策が進んだことによって、**移動発生源**の自動車排気ガスの影響が目立つようになった。私たちの健康に大きな影響を与える大気汚染物質については環境基本法に基づき**環境基準**が設けられている。環境基準とは、人の健康を保護し、生活環境を保全する上で、維持されることが望ましい施策上の基準である。環境基準の達成状況をみるために、国や各都道府県などは一般大気環境測定局（一般局）、自動車排気ガス測定局（自排局）を設置し、大気汚染の状況を 24 時間連続で測定・監視している。これら大気汚染物質は、工場や事業所などの固定発生源については、前章でみたような公害対策が進め

られ、自動車排気ガスの規制などが法律で定められた。また、低公害車の
普及もあり、環境基準の達成率は年々緩やかな改善傾向が認めらえる。

　図 5.1 には、1995 年から 2018 年度までの二酸化窒素（NO$_2$）と SPM の
一般局と自排局における環境基準達成率を示す。2018 年度の NO$_2$ は、一
般局 100％、自排局 99.7％、SPM は一般局 99.8％、自排局 100％と近年は
いずれも、達成率はほぼ 100％になっている。SPM は 2011 年の達成率が
急減しているが、黄砂の影響を受けた観測局があったとみられている。

　二酸化硫黄（SO$_2$）と一酸化炭素（CO）は、近年は一般局、自排局と
もに環境基準達成率は 100％である。環境基準が設定されている 4 種の有
害大気汚染物質（ベンゼン、トリクロロエチレン、テトラクロロエチレン、
ジクロロメタン）については、2018 年度、すべての物質について環境基
準の達成率は 100％になっている。また、光化学オキシダントの原因物質
の 1 つである非メタン系炭化水素は環境基準が無いが、一般局、自排局と
もに環境濃度の低下傾向がみられる。

　一方、光化学オキシダントは 2018 年度、環境基準の達成率は一般局 0％、
自排局 0％と、基準の設定以来、約 45 年間ほとんどクリアできていない。

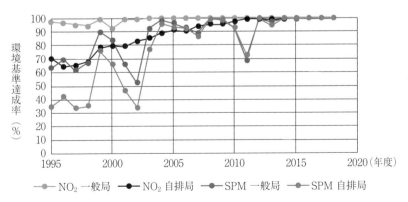

図 5.1　NO$_2$ と SPM の環境基準達成率の経年変化
（環境省「大気汚染状況」より作成）

5.2　微小粒子状物質

　物の燃焼や破砕、研磨などによってばいじんや粉じんなどの粒子状物質が発生する。また、ガス状大気汚染物質（SO_x、NO_xなど）が化学反応し、蒸気圧の低い物質になって粒子化する場合もある。さらには、土壌、海洋、火山など自然起源のものがある。このような粒子状物質のうち、粒径が10 μm 以下の粒子は沈降速度が小さく大気中に長時間滞留するため、特に**浮遊粒子状物質**（SPM＝Suspended Particle Matter）とよばれている。最近、粒径がさらに小さい**PM2.5**と呼ばれる**微小粒子状物質**について、大気汚染が深刻な中国から越境飛来して日本の大気にも影響を与えているとされ、注目を集めている。PM2.5とは 2.5 μm（1 mm の千分の 2.5）以下の小さな粒子で、非常に小さいため、肺の奥まで入りやすく、呼吸系・循環器への影響が心配されている（図 5.2）。

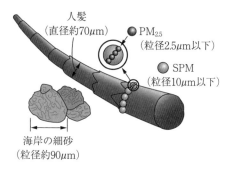

図 5.2　PM2.5 の大きさ（アメリカ EPA より作成）

　PM2.5 の環境基準は、1 年平均値 15 μg/m^3 以下かつ 1 日平均値 35 μg/m^{3}以下（2009 年 9 月設定）と決められ、現在、大気汚染防止法に基づき、地方自治体によって全国700 カ所以上でPM2.5の常時監視が実施されている。2010～2018 年度までの一般環境大気測定局における環境基準達成状況を

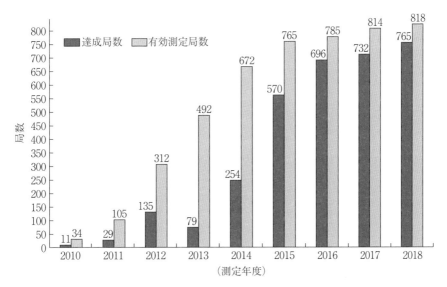

図 5.3　PM$_{2.5}$ の環境基準達成状況の推移（一般局）
（平成 30 年版〜令和 2 年版環境白書より作成）

図 5.3 に示す。2010 年度以降、環境基準達成率は増加し、2018 年には一般局 765 カ所 93.5％になっている。一方、自動車排出ガス測定局 216 カ所では、2018 年度の環境基準達成率は 93.1％であった。また、PM$_{2.5}$ の年平均値は、一般局 11.2 µg/m^3、自排局 12.0 µg/m^3 と環境基準以下になっている。

5.3　酸性雨

（1）　酸性雨の原因

酸性雨とは、おもに硫酸や硝酸が溶解した酸性度の強い雨のことである。1872 年、英国の科学者 Robert Angus Smith が、マンチェスターの汚染大気を含んだ降雨が、繊維製品の退色、金属の腐食、植物への害をもたらすことを指摘し、"Acid Rain" の用語がはじめて使われたとされる。

　酸性の強さの尺度として pH が使われるが、pH は水溶液中の水素イオ

ン H^+ のモル濃度[1]を［H^+］としたとき、式（5.1）で定義される。pH＝7 が中性で、pH＜7 を酸性、pH＞7 を塩基性またはアルカリ性と呼び、pH 値が小さいほど酸性が強いことを示す。

$$pH = -\log_{10}[H^+] \tag{5.1}$$
$$CO_2 + H_2O \rightleftarrows H_2CO_3 \rightleftarrows H^+ + HCO_3^- \rightleftarrows 2H^+ + CO_3^{2-} \tag{5.2}$$

　二酸化炭素 CO_2 が水に溶けると、式（5.2）の溶解平衡が成り立っているため、CO_2 そのままの他、H_2CO_3、HCO_3^-、CO_3^{2-} の 4 種類の形態となる。この 4 種の割合は、pH や水温の影響によって変化するが、大気の CO_2 濃度（400 ppm）と平衡な水溶液の pH は、25℃では式（5.2）の平衡関係から近似計算すると、5.6 となる。したがって、酸性雨とは pH が 5.6 未満の雨のことである（雨の酸性度は、種々の要因により左右され、pH 5.0 未満を酸性雨という場合もある）。pH は対数で表わされるため、pH 値が 1 小さくなると、酸の強さは 10 倍強く、2 小さくなると 100 倍強くなる。

　酸性雨のおもな原因は、図 5.4 のように工場、発電所、自動車などから大気中へ放出された**窒素酸化物**（NO_x）と**硫黄酸化物**（SO_x）である。これらは 2〜14 日間大気中に残るが、大気中でいろいろな作用を受け、雨水にとけて硫酸、硝酸となり、酸性の雨となる。これらの汚染物質は気流などによって、国境を越え、発生源から数千 km も離れたところで酸性雨が観測されている。中国大陸（重慶市など）から日本に飛来する雨の pH が低いこと、英国やドイツなどの工業地帯からの排出ガス（煙突を高層化させた結果、大気汚染物質の拡散を一層増大させた）により北欧の湖水が酸性化したこと、米国で排出された SO_x 等がカナダに酸性雨を降らせるといった国際問題が起きている。

　こうした状況下、欧米諸国は 1979 年秋に国連委員会で「長距離越境大

1）モル濃度：この場合、水溶液 1 ℓ 中に含まれている H^+ イオンのモル数（1 モル（mol）は 6.02 ×10²³ 個の分子やイオンの集団）で表したもの。

図 5.4　酸性雨の原因物質とその影響

気汚染条約」を締結し、酸性雨の原因となる硫黄酸化物や窒素酸化物についても排出量を削減することで多くの国が合意している。

　SO_2 などの硫黄（S）の発生源は、火山や生物起源のものも無視できないが、人為発生源は、石油や石炭の中の硫黄が、燃焼や金属の精錬などによって SO_2 や SO_3 として放出されたものである。一般に、煙突からの排ガス中の硫黄酸化物の割合は、90％が SO_2 で残りが SO_3 であり、これらは次のように大気中の水分と速やかに反応して硫酸 H_2SO_4 になる。

$$SO_2 + (1/2)O_2 + H_2O \quad \rightarrow \quad H_2SO_4 \quad \rightarrow \quad 2H^+ + SO_4{}^{2-} \tag{5.3}$$
$$SO_3 + H_2O \quad \rightarrow \quad H_2SO_4 \quad \rightarrow \quad 2H^+ + SO_4{}^{2-} \tag{5.4}$$

　わが国では、排煙や排ガス中の SO_x を除去する技術が進んでおり、過去 30 年間に大気中の SO_x は激減してきた。

　一方、NO_x も稲妻や硝化菌によるものの他、化石燃料の燃焼によって人為的に発生するが、次の 2 種類の原因により一酸化窒素 NO と二酸化窒素 NO_2 となる。その原因の 1 つは硫黄と同様に、燃料に含まれている窒素分が酸化して生じるものであり、これを**フューエル NO_x**、もう 1 つは、燃料の高温燃焼によって大気成分の窒素と酸素が直接反応するものであり、**サーマル NO_x** という。サーマル NO_x は 1,300℃ 以上の高温で発生しやすく、

技術的に対応が難しいが、燃焼において温度を下げたり、酸素の供給をできるだけ減らす方法で、排煙、排ガスから NO_x を除去する技術が進んでいる。自動車の排ガスは触媒を使って処理されているが、乗用車1台からの NO_x の排出は、30年間で約40分の1に減った。しかし、自動車の台数が増えているため、大都会では NO_x の濃度が環境基準を達成できていないところもある。

次式（5.5）の反応で NO_x は大気中で水分と反応して硝酸 HNO_3 となり、酸性雨の原因となる。

$$NO_x + H_2O \quad \rightarrow \quad HNO_3 \quad \rightarrow \quad H^+ + NO_3^- \tag{5.5}$$

（2） 酸性雨の影響と対策

酸性雨の人体への影響は、人間の汗の pH が 4.5～7.5 であり、また酸性の温泉への入浴を楽しんでいることなどから、通常はほとんど心配のないレベルである。しかし、酸性雨の一種である硫酸や硝酸が霧に溶解した硫酸ミストや硝酸ミストは、のどの痛みや喘息など呼吸器系に影響を及ぼすことが分かっている。霧状の酸性雨の場合、1952年ロンドンで12月5日から10日の間に、停滞した石炭燃焼による硫酸ミストを含むスモッグにより、約4,000人が呼吸障害で死亡した事例がある。

一方、これまで森林・植物への影響については、ライン川に沿った旧西ドイツのシュバルツバルト（ドイツ語で黒い森）では1970年代の終わりごろから、樹木の立ち枯れが目立つようになった。チェコ北部のイゼラ山地やポーランド、スロバキアなど東ヨーロッパ諸国でも、山岳地帯の森林が枯れる被害が報告されている。一般に pH 3 以下では植物の生育が阻害されたり、pH 3～4 ではアサガオの花に脱色斑ができたりする被害が生じる。また、作物は土壌が酸性化すると普通、作物の収量が減少する。さらに土壌が酸性化すると、無機栄養塩が酸によって溶け出し、土壌の肥沃度が低下する。つまり、植物に必要な K^+、Mg^{2+}、Ca^{2+} が土壌から溶脱し、

代わりに H⁺ が吸着するのである。欧米では、森林樹木の衰退について、酸性雨（人為起源の SO_2 による）と、オゾンや光化学オキシダントとの複合効果による影響が大きいという報告がある。

　日本の近年の雨の pH は平均 4.8（2013～2017 年度）であり、欧米等と比べて低い pH を示すがこれまで 3 を下回ったことはない（図5.5）。しかし、1990 年代後半から、雨の成分に変化がみられ、SO_x については規制によってしだいに減少しているが、NO_x は横ばいである。窒素化合物は適量では植物の栄養源として作用するが、多く与えると逆に生育を阻害することが知られている。また、植物への酸性雨の影響には、根に付着しているよう

札幌4.9

全国平均4.8

新潟港4.8

八方尾根5.2

越前岬4.8

八幡平4.8(13年)

蟠竜湖4.9

赤城5.1

東京4.9

対馬4.8

大分久住4.7

尼崎5.0

小笠原5.2

屋久島4.6

辺戸岬5.1

図 5.5　日本における 2018 年の酸性雨の状況
　　　（令和 2 年版「環境白書・循環型社会白書・生物多様性白書」より作成）

な他の生物との関係も考慮する必要がある。

　一方、酸性雨は湖沼の生物へ大きな影響を与え、フィンランドやスウェーデンでは pH が4〜4前半の雨が降り、酸性雨の影響によって生物が消滅した湖がある。酸性雨によって湖沼が酸性化すると、魚の受精率が低下したり、ふ化しにくくなったり、さらに pH が5以下になると有害な Al^{3+}、Mn^{2+}、Zn^{2+}、Pb^{2+}、Cd^{2+} などが水中に増え、やがて魚が死滅することが知られている。この状態を湖沼の**酸死**という。北欧の雨の pH はまだ4台半ばであるが、生態系に対する被害は小さくなっているとされる。

　建造物や文化財への影響については、大理石、花崗岩がアルカリ性であるため、酸性雨で徐々に溶けることが原因で、ドイツのケルン大聖堂やギリシャのパルテノン神殿（図 1.1 参照）などの古代遺跡の被害も深刻になっている。青銅や鉄でできた屋外の建造物や美術品にも被害があり、わが国でも日光東照宮や鎌倉の大仏などで被害が出始めている。さらに、酸性雨はコンクリートを中性化し、鉄筋を腐食させるので、近代建造物にも被害を及ぼし始めている。

　最近の日本における生態系への影響については、環境省によると酸性雨などの大気汚染等が原因とみられる森林の衰退は確認されず、またモニタリングを実施しているほとんどの湖沼で、pH の上昇（酸の低下）の兆候がみられているとされる。

　石炭中の窒素および硫黄原子は石炭分子の骨格構造に組み込まれ、硫黄含有率は最高で十数％に達する。一方、石油内の窒素および硫黄原子はチオール[1]、硫化物、環状化合物[2] として石油成分中に存在しており、重油で約3％の硫黄が含まれる。

---

1) チオール：アルコールの OH の O が S に置き換わった構造を有する化合物の総称。多くのチオールは特異的な悪臭を持つ。
2) 環状化合物：ベンゼンのように、原子が環状に結合した分子の構成元素として、N や S 原子を含むもの。例としてピリジンやピロールは N を、チオフェンは S を含む。

　これらの硫黄分を取り除く方法は、燃料自体から除去する方法と、排出ガスから除去する方法の２つに分けられる。工場や火力発電所などの固定発生源に対する対策には、SO_x には**直接脱硫法**と呼ばれる方法で、燃料である重油に水素を吹き込み、触媒を使って硫黄分を取り除く技術がある。また、燃焼後の排出ガスから SO_x を取り除く技術として、難溶性の石灰

現代のマンチェスター

　蒸気機関が最初に作られ、産業革命が進展する中で、綿織物工業の中心都市として成長したマンチェスターは、酸性雨が初めて問題となったところでもある。現在は、かのベッカム選手が所属していたプロサッカークラブ、Manchester United（マンチェスター・ユナイテッド）の本拠地としての方がよく知られているであろう。

　現在の人口は約42万人、かつての重厚長大産業の面影はほとんど消え、IT産業や商業都市として再生を試みている。科学産業博物館には、蒸気機関車から宇宙開発、バイオテクノロジーに至る近代技術革新の歴史を教えてくれる展示物が所狭しと展示されていて、この国の科学技術を重視する姿勢が強く感じられる。

　市中心部には、至る所に大きなごみ箱がおかれているが、ほとんどは分別せずにごみを捨てるタイプである。中には紙類、びん類などごみのタイプごとに異なる箱も所々に設置されている。

図5.6　マンチェスター市内の近影（2005年9月）

石をスラリー状（水を加えドロドロにした状態）にして排ガスを導入し、硫黄分を石膏として回収する**排煙脱硫法**がある。一方、NO_xについては、フューエル NO_x を減らすため、窒素分をほとんど含まない天然ガスなどに燃料を切り替える方法や、サーマル NO_x を減らすため、燃焼温度や空気の混合比（実際の空気量と理論上完全燃焼に必要な空気量との比）をできるだけ低下させる燃焼方法の改善がある。また、排ガスに対しては、触媒を用いてガスから直接 NO_x のみをアンモニアと O_2 を反応させて窒素に還元する方法がある。

5.4　大気汚染対策

固定発生源については、大気汚染防止法などで、ばい煙などの排出規制が行われている。SO_x 対策と NO_x 対策には、前節の酸性雨のところで述べた。

移動発生源に対しては、燃料中の S 分はきわめて少ないため、NO_x の対策が重要になる。ガソリンエンジンでは、排気ガスの一部を混合気に混ぜて酸素濃度を下げたり、点火時期を遅らせるなどの燃焼方法の改善により NO_x を減少させることができる。また、白金-パラジウム-ロジウム系の触媒を使って、排気ガス中の CO、炭化水素、NO_x をそれぞれ無害な CO_2、H_2O、N_2 に変えて減らすことができる。ディーゼルエンジンでは、コモンレールシステム（蓄圧装置）による燃焼改善や触媒、フィルターなどの排ガス浄化装置（DPF）によって、ガソリン車と同等のクリーンさを達成できるようになっている。

ガソリンや軽油の代替燃料として、天然ガス、バイオエタノール、バイオディーゼル、液化石油ガス（LPG）、水素などを利用することで、排気ガスのクリーン化が可能である。さらに、ガソリンエンジン（ディーゼルエンジン）とモーターを合わせたハイブリッドカー、走行中に排出ガスを

ほとんど出さない電気自動車と燃料電池車の活用が考えられる。

5.5 光化学スモッグ

　日本で初めての「光化学スモッグ」による被害が発生したのは 1970 年
7 月のことであった。それから 30 年余り、人々の関心も薄れていたところ、
光化学スモッグによる被害が再び現れてきた。図 5.7 に示すように 1998
年ごろから被害が増え始め、被害者が 1,000 人を超える年もあったが、
2010 年以降は被害者が少なくなってきている。人体への影響については、
不整脈の増加や心拍数の低下が起こり、さらには、喘息や花粉症のような
アレルギー症状が悪化することが報告されている。

　光化学スモッグは、大気中に放出された窒素酸化物（二酸化窒素）と炭
化水素が太陽の光によって光化学反応を起こし、そこで生成される光化学
オキシダントによるものである（図 5.8）。その 90％以上を占める主成分

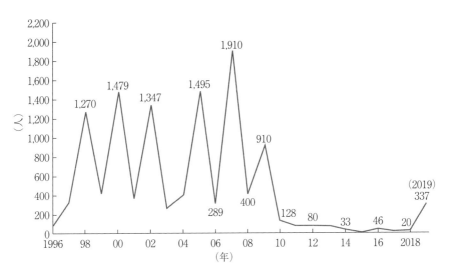

図 5.7　光化学スモッグの健康被害者の推移
　　　　（平成 30 年版環境白書・循環型社会白書・生物多様性白書のデータより作成）

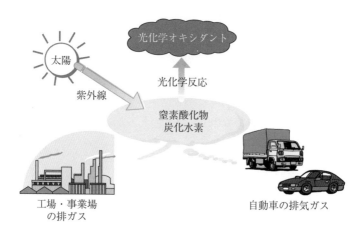

図5.8　光化学スモッグの生成メカニズム

はオゾン（O$_3$）である。光化学オキシダントが生成する条件としては、25℃以上の気温、4時間以上の日照の他、風が弱いという条件があげられている。したがって、光化学スモッグの発生は、通常、夏場に限られている。

　最近の都市部におけるオゾンの濃度はこの10年で約1.5倍になってきている。それに対して、原因物質である二酸化窒素はほぼ横ばい、炭化水素は減少してきている。このオゾン濃度の増加の原因として、日本上空のオゾン層の減少による紫外線の増加や、ヒートアイランド現象（4.4参照）による地上付近のオゾン生成反応の促進が仮説として考えられている。東京の平均気温はこの20年で1.2℃上昇している。また、大陸で発生したオゾンが飛来する越境汚染に原因があるという見方もある。

　温暖化問題に対する国際機関IPCCは、2001年の報告書の中で、温暖化の新たな原因物質としてオゾンをCO$_2$に次ぐ第二の原因物質になる可能性があると指摘している。そして21世紀に増え続ける地上付近のオゾンが温暖化に深刻な影響をもたらすと警告している。

さらに詳しく ▶ ＊下記項目の詳しい解説は、『新・地球環境百科』各ページを参照。

ばい煙　126 ／ 窒素酸化物　127 ／ 硫黄酸化物　127 ／ 浮遊粒子状物質　127 ／
ディーゼル排気粒子　128 ／ 光化学スモッグ　128 ／ 酸性雨　129 ／
越境汚染　132 ／ 長距離越境大気汚染条約　133 ／ 黄砂　37

演 習 問 題

5.1　自分の住んでいる地域の大気汚染の状況を次のシステムで調べてみよ。
　　　⇒　環境省大気汚染物質広域監視システム（http://soramame.taiki.go.jp/）
5.2　$PM_{2.5}$ 濃度の季節変動と、地域によっても差があることを調べてみよ。
5.3　次の酸性雨に関する各記述について、正誤を判定せよ。
　⑴　酸性雨対策は近隣の二国間協議で解決を図るのが中心である。
　⑵　酸性雨の原因は先進国で発生し、発展途上地域では発生していない。
　⑶　ヨーロッパなどでは、硫黄酸化物や窒素酸化物が溶け込んだ酸性雨など
　　　によって、森林の樹木が広範囲に枯死したことがある。
　⑷　人間活動による酸性物質の放出がない雨は中性であり、pH が 7.0 未満の
　　　雨を酸性雨という。
　⑸　雨を酸性化させる物質には、地球温暖化の原因物質であるメタンと代替
　　　フロンも含まれる。
　⑹　雨の pH が 6.0 と 7.0 とでは、水素イオン濃度は前者は後者の 2 倍多いこ
　　　とを意味している。
　⑺　中国・四川省の重慶市付近で酸性雨の被害が大きいのは、エネルギー消
　　　費量に占める重油の割合が大きいためである。
　⑻　わが国の陸水に酸性雨の影響があまり認められないのは、土壌が一般に
　　　アルカリ性で中和作用があるからである。
　⑼　酸性雨の原因物質である窒素酸化物は、除去技術の進歩によって大気中
　　　の濃度はかなり減少してきているが、硫黄酸化物については対策が難し
　　　く 1970 年ごろとほとんど同じ濃度レベルである。
　⑽　酸性雨による鉄筋コンクリート構造物や大理石で建造された古代遺跡の
　　　被害は、セメントや大理石が酸性雨によって溶けることが原因である。

5.4　酸性雨による被害が寒冷地で顕著である原因を説明せよ。

5.5　北欧の湖が酸性化している原因として酸性雨の他に、どのような要因が考えられるか述べよ。

5.6　最近、PM$_{2.5}$などによる大気汚染が深刻である中国・北京やインド・ニューデリーなどの他、ロンドン、パリ、マドリード、ブダペストなどの欧州において大気汚染が深刻になってきている。その原因を調べてみよ。

6 化学物質と環境

　人工化学物質は、人々の生活をより便利で快適なものにする上で欠かすことができない。私たちの周りは、職場や、家庭の内外に、家電製品や事務機器に、また衣類、自動車など、ありとあらゆるところに化学物質があふれている。人工化学物質は優れた点も多いが、反面、中には人々の健康を害するものや、環境汚染の原因物質となるものもある。いったいどういう問題点があるのであろうか。また、そうした環境リスクへの対応や対策はどうなされているか、について述べる。

6.1　環境中の化学物質

（1）　生物濃縮

　今日、私たちの身のまわりには、様々な人工化学物質が使われており、生活の利便性と質の向上に大いに役立っている。科学技術の進歩と共に、生産・使用される化学物質の種類と量が増えてきており、2018年8月時点で、約1億4,300万種を超える化合物が、化合物に関する世界中の論文や特許情報などを抄録している「ケミカル・アブストラクト」誌に登録されている。化学製品に対する需要と種類の多様化により、1つの害虫にのみ効く農薬のように、目的とする機能の高さが追求されるばかりでなく、環境中で分解しやすく、人体・環境への影響がないものが求められている。

　農薬や有機溶剤などの使用や、化学工場の事故などの意図しない事態に

よって環境中に放出された化学物質は、大気、水、食物を通じて私たちの体内に取り込まれる可能性がある。農薬の散布、廃棄物の焼却、クリーニングや半導体製造などに使用されるトリクロロエチレンなどの有機溶剤、建材に使用されるホルムアルデヒド、PCBなど過去に製造された有害化学物質などが問題となっている。

　1962年、米国のレイチェル・カーソンによる「沈黙の春」(Silent Spring)が刊行されるとそれをきっかけとして、殺虫剤や合成化学物質と野生動物における異常現象との関係が議論されるようになった。1996年米国でシーア・コルボーンらによって「Our Stolen Future」が出版され、それが環境ホルモン問題の引き金となった。わが国の高度成長期に起きた産業公害は、比較的高濃度（ppmの濃度レベル以上）で局所的な汚染が特徴であった。しかし、現代の化学物質の汚染の問題は、きわめて低濃度で汚染が長期間・広範囲にわたり、しかも、環境中には無数ともいえる化学物質が存在しているため、それらとの複合的な作用が懸念される。従来は安全と思われていた低濃度（ppmより低いpptの濃度レベル；図6.1参照）でもダイオキシンや環境ホルモンでは問題となる。さらに、多くの化学物質については、発がん性など毒性に関する十分なデータが揃っていない。

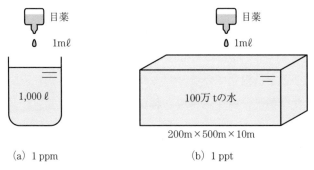

　　　　　(a) 1 ppm　　　　　　　　　　(b) 1 ppt

図6.1　1ppmと1pptの濃度の違い

　化学物質は、一般に環境中に放出されたときの濃度がきわめて低くても、生態系の食物連鎖のプロセスで濃縮され、初めの濃度の数千万倍から数十億倍の濃度に達してしまう。これを**生物濃縮**という。例えば、湖における PCB（ポリ塩化ビフェニル）の生物濃縮をみてみよう。

　環境中に排出された PCB は水にほとんど溶けず、また水より重いため、大部分は湖底の泥（底質）の中に沈でんして存在する。PCB はまず直接吸収によってプランクトンの体内に蓄積される。PCB のような有機塩素化合物は脂肪に溶けやすいため、生体内にとりこまれると脂肪組織に入り、しかも分解されにくいので、外部に排出されず、体内に蓄積する傾向がある。そこでプランクトン体内の PCB 濃度は湖水中の PCB 濃度の 250〜500 倍にもなる。次にそれを食べるアミは、PCB も一緒に摂取するため、アミの体内の PCB 濃度は 4.5 万倍にもなる。さらに、そのアミを食べる魚では、体内の PCB 濃度がさらに高くなり（83〜280 万倍）、水→プラン

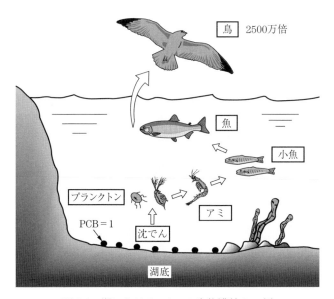

図 6.2　湖における PCB の生物濃縮の一例

DDT の光と影

　DDT は図 6.3 に示すように、5 つの塩素原子を含み、化学産業の製造過程で余る塩素を有効利用しようとする試みの中で、1874 年ドイツではじめて合成された。その後 1939 年スイスのガイギー社によってジャガイモに対する殺虫効果が見出され、安価で、多くの昆虫に対して殺虫効果があるため一般に広く使用されるようになった。DDT は昆虫以外の高等生物には無害と考えられたので、発疹チフスやマラリアを媒介する蚊やしらみの駆除剤として、第二次世界大戦中から、大量に使用されるようになった。この散布によりチフスやマラリアは各国で劇的に減少した。スリランカを例に取ると、1948 年から 62 年まで、年間 250 万人発生していたマラリア患者は 31 人にまで激減したと報告されている。こうした功績もあり、発見者のミューラーは 1948 年ノーベル賞を受賞した。

　しかし、1962 年レイチェル・カーソンによって、DDT は発がん性や残存性があるといった問題点が指摘されたのをきっかけとして、ついに1968 年に DDT は全面禁止となった。この禁止によりマラリア患者が劇的に減少していたスリランカでは、禁止後 5 年後には患者発生が元の 250万人まで戻る結果となっている。さらに 90 年代には DDT には内分泌かく乱効果があるという指摘もされた。しかし、DDT 散布で救われた人命は 5 千万とも 1 億人ともいわれ、このような効用を考えると複雑な問題をはらんでいる。WHO は 2006 年、マラリヤ対策のための室内での DDTの使用を推奨すると発表した。なお、現在の化学物質の開発現場では、環境中で分解されないものは、安全性の試験によってふるい落とされてしまい市場には出ないシステムになっている。

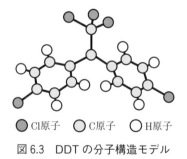

●Cl原子　　○C原子　　○H原子

図 6.3　DDT の分子構造モデル

クトン→アミ→魚→鳥へと伝わるにつれて PCB が濃縮されていく。湖水中の PCB 濃度を 1 とした場合、図 6.2 のようにプランクトンから鳥（カモメなど）に至る食物連鎖を通じて、2,500 万倍に生物濃縮される。人間も生物濃縮から逃れることはできず、食物連鎖の過程で生物濃縮された有害化学物質が、人体に悪影響をおよぼすのは水俣病などでみられたとおりである。

（2） 化学物質の拡散

PCB を例にとると、現在、日本をはじめほとんどの先進国で生産禁止になっている。しかし、まだ開発途上国では使われているところがあり、これまでに環境中に放出された PCB は、ほとんど分解せずに半永久的に地球上に残留する。全世界の PCB の累計総生産量は約 120 万トンと見積もられている。その他、有機塩素系殺虫剤の BHC、DDT、ダイオキシンなども PCB と同様に次のような共通の性質をもっている。

① 環境中でほとんど分解せず、残留する。

② 水よりも油に溶けやすく、生物濃縮する。

③ 常温では液体や固体であるが、蒸気圧が低く、赤道付近の気温の高い低緯度地方では、ほとんど揮発する。

④ 生態系に強い毒性を示す。

これらの有機塩素化合物は、その蒸気圧や凝縮温度（気体が液体や固体に戻る温度）などに依存して、おもに赤道付近の低緯度地方から揮発し、大気の流れにのって移動し、気温の低い極地などで凝縮して地面や海面に到達する。そこで食物連鎖により人間や北極グマ、アザラシが摂取する事例がみられている（図 6.4）。北極のアザラシの大量死や繁殖率の低下が確認され、北極圏にすむイヌイットの母乳中には、モントリオールの住民の数倍の PCB が含まれていることが分かっている。このような物質を**残留性有機汚染物質**（POPs, Persistent Organic Pollutants）といい、全廃・

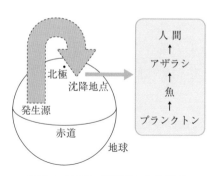

図 6.4　POPs の移動と生物濃縮

削減を定めた POPs（ストックホルム）条約が 2001 年に採択された。

6.2　化学物質過敏症

　われわれはたくさんの化学物質に囲まれて暮らしているため、人体中には、少なくとも数百の人工化学物質が存在していると推定されている。**化学物質過敏症**は、排気ガスやタバコの煙など大気中の化学物質をはじめ、化粧品や洗剤などに含まれる微量の化学物質にも反応して引き起こされるアトピーや喘息などの体調不良や健康障害のことである（図 6.5）。その中でも、「シックハウス症候群」は、住宅の新築、改装後に発生する揮発性化学物質などが原因となる。これを引き起こすガスで最も多いものはホルムアルデヒドで、合板（薄板を貼り合わせたもの）などに使用されている接着剤などから揮発する。その他、衣類の防虫剤のパラジクロロベンゼン、塗料から溶剤のトルエン、ベンゼン、キシレンなどが、塩化ビニル製の内装材からフタル酸エステル類などが、シロアリ駆除剤からクロルピリホスが放出される。

　このような化学物質過敏症発症のメカニズムとしては、健康な人でも特定の化学物質をある一定以上（ストレスの総量がその人の適応能力を超える程度）摂取すると、突然発症し、そしてその特定の化学物質に対して一

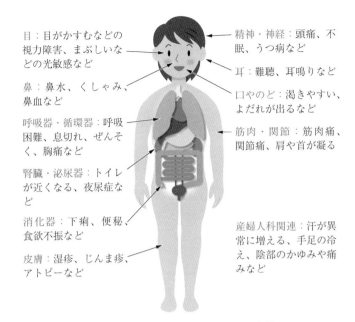

目：目がかすむなどの視力障害、まぶしいなどの光敏感など

鼻：鼻水、くしゃみ、鼻血など

呼吸器・循環器：呼吸困難、息切れ、ぜんそく、胸痛など

腎臓・泌尿器：トイレが近くなる、夜尿症など

消化器：下痢、便秘、食欲不振など

皮膚：湿疹、じんま疹、アトピーなど

精神・神経：頭痛、不眠、うつ病など

耳：難聴、耳鳴りなど

口やのど：渇きやすい、よだれが出るなど

筋肉・関節：筋肉痛、関節痛、肩や首が凝る

産婦人科関連：汗が異常に増える、手足の冷え、陰部のかゆみや痛みなど

図 6.5　化学物質過敏症のおもな症状

度過敏症を獲得してしまうと、ごく微量でも反応するようになるといわれている。しかし、未だ決定的な治療法はなく、スポーツ・入浴などで新陳代謝を活発にして、原因物質を体外に排出することが唯一、効果的であるといわれている。

　化学物質のこのような問題に対し、厚生労働省は、健康影響からみた室内空気中化学物質のガイドラインを設定している。また、国土交通省も、建築基準法に基づくシックハウス対策に係る法令等を 2003 年 7 月に施行した。しかし、希薄な濃度の化学物質と健康被害との因果関係を証明していくことは難しいのが現状であり、科学的に解決すべき多くの課題が残っている。

6.3　土壌汚染

　土壌は、大気や水と共に陸上の植物、微生物、昆虫、鳥類、魚類、哺乳類などの生態系維持に欠かすことができない重要な役割を果たしている。しかし、人間が金属などの地下資源を利用しはじめた古代文明以降の鉱山開発により、これまで日本でも2章でみたように、近代の別子銅山鉱毒事件[1]、足尾銅山鉱毒事件、イタイイタイ病の他、農用地の土壌汚染は、江戸時代など歴史的に古くから現代に至るまで数多く起こってきた。

　イタイイタイ病は、岐阜県の神岡鉱山から神通川に排出されたカドミウムで汚染された米を食べた住民に発生した。その後、全国的に金属鉱山・精錬所周辺の農地でカドミウム、ヒ素、銅などの重金属[2]による土壌・米汚染が多数発見されたため、世界に先駆けて1970年に「農用地土壌汚染防止法」が制定された。しかし、最近でもカドミウム汚染米が発見され、未解決のままである。

　さらに、1970年代には東京都六価クロム鉱さい事件[3]が発生し、1980年代には、兵庫県の東芝太子工場、千葉県君津市の東芝コンポーネント君津工場などで、金属製品などの洗浄に使われた**揮発性有機化合物**（VOC、Volatile Organic Compounds）による地下水汚染が発生した。その後、全国各地のハイテク工場で次々と地下水汚染が発覚した。

　最近では、産業構造の変化によって生じた工場の跡地などで、重金属や

---

1) 別子銅山鉱毒事件：元禄時代から続く愛媛県新居浜市の別子銅山は、明治に入り生産量が飛躍的に増えたため、精錬時の排ガスによって、周辺地域への大規模な水稲被害が発生した。
2) 重金属：比重4以上の金属。毒性が強いものが多く、微量であっても繰り返し摂取した場合、体内で蓄積され、健康障害を起こす。
3) 六価クロム鉱さい事件：1973年東京都の地下鉄工事中に化学工場の跡地から六価クロムを含む鉱さいが発見され、大きな社会問題となった。六価クロムは皮膚障害、肺がんを引き起こすことが知られている。

揮発性有機化合物（トリクロロエチレンやテトラクロロエチレン）など有害物質による市街地の土壌や地下水汚染が多発している。特に大阪市中心部では、大規模な再開発地での鉛、ヒ素、六価クロムなどによる土壌汚染問題が相次いでいる。一般に重金属は、水に溶けにくいものが多く、土壌粒子に吸着されやすいので、汚染は蓄積される傾向にある。さらに、土壌の吸着能を超える場合、土壌の深部まで浸透し、地下水の汚染問題が深刻となる。一方、揮発性有機化合物は、水よりも重く粘性が低い（さらさらしている）ために、地中に浸透し、拡散しやすい特性があり、重金属とは違った危険性がある。

　海外の工業先進国でも米国のラブカナルの土壌汚染、カリフォルニア州シリコンバレーの地下水汚染など市街地の土壌汚染が多発し、その結果、米国のスーパーファンド法、ドイツやオランダの土地保護法などが制定され、土壌浄化対策が進められた。わが国でも欧米より10〜20年遅れて、2002年に「土壌汚染対策法」が制定されているが、土壌汚染の調査・汚染対策を、原則として汚染原因者ではなく、土地所有者に義務付けていること、汚染対策は原則として覆土（盛り土）とすることなど、数多くの問題点が指摘されている。

6.4　有害な化学物質

（1）　ダイオキシン・PCB

　ダイオキシンの一般構造を図6.6に示す。基本骨格は3つあり、ポリ塩化ジベンゾパラダイオキシン（代表例TCDD）、ポリ塩化ジベンゾフラン（TCDFなど）およびコプラナー（2つのベンゼン環が同一平面上にあるという意味）PCBとよばれるPCB中で、特に毒性の強いタイプ（PeCB）の3種類の化合物群である。これらの構造にはClのつく場所と数の違いによって、200種類以上もの異性体という分子構造が立体的に異なる類似

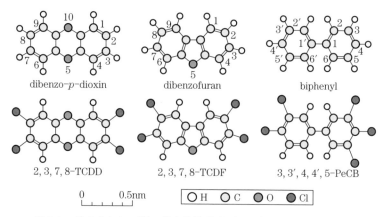

図 6.6　ダイオキシン類の基本骨格構造（上段）と代表例（下段）

ラブカナル事件

　アメリカ、ニューヨーク州ナイアガラ滝近くのラブカナル地区では、1960 年頃より頭痛や呼吸障害を訴える人がではじめたが、長い間原因は不明であった。その後さらに住宅地下室で、汚水の漏れや異常な臭気が問題となり、1978 年土壌からダイオキシンなどの有害物質が確認された。その地区では以前から、がんや、流産など体に異常を訴える人が、多数発生していたことが分かった。その住宅地は、フッカーケミカル社が有害化学物質を廃棄していた場所で、その後その跡が覆土され売却されていた。結局ラブカナル地区の住民は集団移転することになった。この事件を契機に米国で 1980 年に土壌汚染の責任所在と浄化費用負担の義務を定めた**スーパーファンド法**が制定された。この事件は、米国にとって大統領の非常事態宣言が出された初の環境災害であった。

　同法は、連邦政府が土壌浄化用基金（2000 年度当初残高 14 億ドル）を持ち、汚染の責任者に浄化をさせたり、環境保護庁が浄化事業を行い、その費用を責任者に負担させる。責任者が不明な場合や費用を負担できない場合は、基金を使って環境保護庁が浄化事業を実施するという仕組みとなっている。

の物質がある。

　これらダイオキシン類は水に溶けにくく、また有機溶媒にもわずかしか溶けないが、脂肪にはよくなじむ。したがって、人体に入ると、脂肪組織に入り込み、しかも分解されにくいため、体内に蓄積する傾向がある。近年になって、カネミ油症事件の真の原因物質はPCBではなく、不純物としてPCB中に混入していたダイオキシンの一種TCDFであることが判明している。

　ダイオキシンは自然界では、山火事でも魚を焼いても800℃以下であれば炭素と水素および塩素を含む身近な物質の燃焼によって生成してしまう。ダイオキシンは2000年ごろ、ごみ焼却炉からの発生量が95％に達していたが、ダイオキシン類対策特別措置法（2002年12月から本格適用）によって、焼却炉からの排出量は大幅に減ってきている。焼却施設からのダイオキシン対策としては、ごみの完全燃焼が最も有効である。そのためには、燃焼温度が800℃以上、滞留時間（可燃物が炉内にある時間）が2秒以上、十分な酸素の供給と排ガス処理を完全に行う必要がある。

　現在、環境中のダイオキシンは、1960年～1980年にダイオキシンが不純物として含まれていた除草剤（PCP、CNP）の散布によるものが大部分である。その除草剤は現在では使用禁止になっているが、過去のものが水田、河川、海といった自然界に濃縮・貯留されている。

　ダイオキシンの人体への流入経路は図6.7に示すように、95％以上が葉菜類、牛乳、肉、魚介類からで、その70％以上が魚由来と推定されている。その他、大気から呼吸によって1.5％、水から0.01％、土壌から0.4％取り込まれている。自然界では、ダイオキシンは紫外線や微生物の働きによって、ごくわずかであるが少しずつ分解されている。

　ダイオキシンには、人が一生摂取しても健康に影響がない摂取量、**耐容1日摂取量**（tolerable daily intake, TDI）として4 pg-TEQ/kg/日が決め

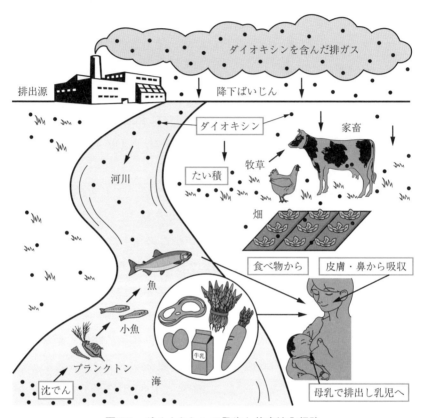

ダイオキシンを含んだ排ガス

排出源　　　　　　　降下ばいじん

ダイオキシン　　　　　家畜

たい積　　牧草

河川

畑

魚　　　　　　食べ物から　　皮膚・鼻から吸収

小魚

プランクトン

沈でん　　　海　　　　　　　　　母乳で排出し乳児へ

図6.7　ダイオキシンの発生と体内流入経路

られている。この値は体重1kgあたりで表わされている。なお、**TEQ**
(2, 3, 7, 8–TCDD toxicity equivalent quantity、毒性等価換算量) は、ダイ
オキシン類の化合物の毒性を、それらの中で最も毒性の強い2, 3, 7, 8–
TCDDの毒性に換算して合計した値であり、1pg (ピコグラム) は1兆
分の1gのことである。わが国の平均的な食事からのダイオキシン類の摂
取量は、1.33pg–TEQ/kg/日であって、耐容1日摂取量を下回っている。
ダイオキシン類は、「日常の生活の中で摂取する量では、急性毒性や発ガ
ンのリスクが生じるレベルではないと考えられる (平成17年版環境白

書)」が、環境ホルモンとしての働きもあるため、これで十分安全である
ということではない。

（２）　内分泌かく乱化学物質

ダイオキシン類を含む60種類以上の化学物質は、**内分泌かく乱化学物**
質（いわゆる環境ホルモン）と総称され、環境中に存在する化学物質のう
ちで、生体に対してホルモンのような作用を示すものである。一般に、こ
れまでの知見では女性ホルモン（エストロゲン）と似た生理作用を示すた
めエストロゲン様物質とも呼ばれている（男性ホルモンと似た作用を示す
合成物質はまだ見つかっていない）。

　一般にホルモンと、そのホルモンのレセプター（受容体）は、よく「か
ぎ」と「かぎ穴」にたとえられる。図6.8のように、内分泌かく乱化学物
質は、本物のホルモンとは違うのに、エストロゲンレセプター（ER）に
うまく組み合わさってしまう「合いかぎ」のように作用し、本物と同様の
作用をもたらすと考えられている。また、「合いかぎ」が先に結合してし

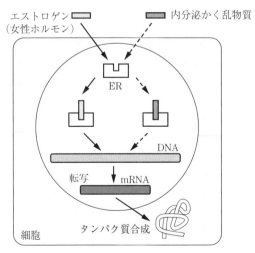

図6.8　内分泌かく乱化学物質が作用する想定メカニズム

まい、本物が「かぎ穴」に結合することを阻害するタイプや、ホルモンの生成、代謝などに作用することでかく乱を引き起こすパターンもある。

　内分泌かく乱化学物質は、天然の女性ホルモンに分子の構造や大きさが似ているものが多く、一般に、分子サイズが小さい、水にほとんど溶けずに脂肪に溶けやすい、環境中で分解しにくい、微量で生物学的作用を示す、などの特徴がある。その物質には、ダイオキシンや農薬（DDT、HCH）、プラスチックやエポキシ樹脂の原料のビスフェノールA、界面活性剤が微生物の働きで分解して生じるアルキルフェノールなどがある。

　内分泌かく乱化学物質は生殖系に作用するため、次世代への影響が最も危惧されている。しかし、合成ホルモン剤やダイオキシンの高濃度暴露のような例外を除くと、その有害性には未解明な部分が多く、科学的知見を集積するための基礎研究が世界各国で実施されている。

　近年、子どもたちの間に増加している心身の異常と、胎児のころから接する環境中の化学物質との関係が注目されている。2010年度から10万組の両親と子どもを対象とした疫学調査、**子どもの健康と環境に関する全国調査**（エコチル調査）が行われている。

（3）　マイクロプラスチック

　1950年以降、世界で製造されたプラスチック製品の総量は83億tに達するとされる。しかし、再利用はごくわずかで、大半のペットボトルや包装材、レジ袋、ストローなどのプラスチック製品が投棄されるなどして年間800〜1,000万tに上るプラスチックごみが世界の海に流れ込んでいるとみられている。そのごみをウミガメや海鳥、鯨などが餌と間違えて飲み込んだり、合成繊維の漁具や漁網にからまって窒息死するなど生態系への影響が懸念されている。

　特に、今、世界の海で深刻な問題となっているのが、プラスチックごみが、海の中で紫外線や波などによって砕け、5mm以下の粒になった極め

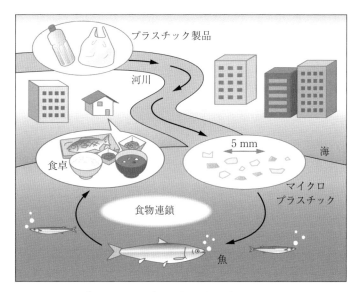

図 6.9　プラスチックごみが生態系に影響を及ぼす仕組み

て小さな**マイクロプラスチック**と呼ばれるものである。マイクロプラスチックが生態系に及ぼす影響の仕組みを図 6.9 に示す。これが、魚や貝などを通じた食物連鎖によって人の体に取り込まれているという実態があるとされ、このとき有害化学物質をマイクロプラスチックが吸着する性質がある。このため、誤って飲み込んだ海鳥や魚などの生体内に化学物質が生物濃縮される危険性が危惧されている。最近では、洗顔料や歯磨き剤などに含まれる微細な粒子も下水処理では除けず、マイクロプラスチックの一種として危惧されている。世界の海に流入するプラスチックごみは今後も増加し、2050 年には重量換算で魚の重量を超すとの予測もあり、国際的な対策の構築が求められている。

6.5　化学物質の管理

これまで、わが国において化学物質に関する種々の法規制が行われてき

た。人、生態系に対する「労働安全衛生法」、「毒物劇物貯蔵法」、「食品衛生法」、「化学物質の審査および製造等の規制に関する法律」、「大気汚染防止法」、「水質汚濁防止法」、「農薬取締法」などである。地球環境問題に対しては、「特定物質の規制等によるオゾン層の保護に関する法律」や「地球温暖化対策の推進に関する法律」などがある。

　しかし、環境問題が多様化し、内分泌かく乱化学物質に代表されるような新たな有害性が指摘されるようになり、管理が必要な物質が増加し、このような法による規制では間に合わなくなってきた。そこで「被害の未然防止」の観点からの対策が求められるようになってきた。さらに、現在では化学物質が広範囲の産業で使われるため、製品の「開発→製造→加工→使用→廃棄」のライフサイクルを通じて化学物質を管理する必要性が出てきた。このため、これらの問題の解決には、化学物質を取り扱う事業者による「自主管理」を促進することが重要であり、「特定化学物質の環境への排出量の把握および管理の改善の促進に関する法律」が 1999 年に制定され、**PRTR**（Pollutant Release and Transfer Register、**化学物質排出移動量届出制度**）制度が設けられた。

　この制度では、図 6.10 のように、一定の条件を満たした工場や事業所が、環境中に排出した対象化学物質の量と、廃棄物として処理するために事業所の外へ移動させた量を把握し、行政機関に年 1 回届出る義務を負ってい

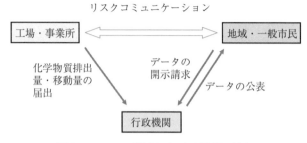

図 6.10　PRTR 制度における情報の流れ

る。行政機関はそのデータを整理・集計し、また家庭や農地、自動車など
から排出されている対象化学物質の量を推計し、データの開示請求があれ
ば公表するシステムとなっている。情報公開法により開示されたデータを
基に、地域住民・一般市民は、化学物質の管理に対する意見や改善要求を
事業者に対して請求でき、リスクコミュニケーションの活発化で、管理の
改善が期待できる。2003年春に、1回目（2001年度分）のデータが公開
された。図6.11には、2018年度に環境への届出排出量が多い化学物質に
ついて、上位10物質までを一覧にしたものを示す。溶剤や合成原料とし
て用いられるトルエン、キシレン、エチルベンゼンの排出量が多く、主と
して化学工業や自動車製造業などに由来している。

　トルエンとキシレンの排出量は、最近ではかなり減少してきているが、
これらの含有量の少ない溶剤などへの切り替え、排気に含まれるトルエン
などを除去・回収する装置の導入などが進んでいるためと考えられる。

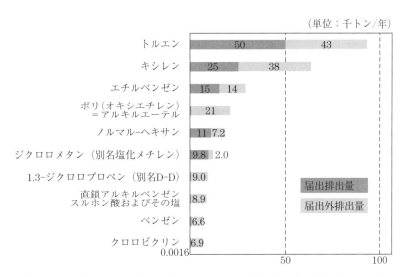

（単位：千トン/年）

図6.11　全国のPRTR法における2018年度の排出量上位10物質とその量
（出典：PRTRインフォメーション広場）

演 習 問 題

6.1　PCB の処理方法について、調べてみよ。

6.2　ダイオキシンなどの化学物質が、環境中で徐々に分解されていくメカニズムを考えてみよ。

6.3　土壌が汚染物質を保持する理由について説明せよ。

6.4　米国の五大湖沿岸では、PCB などによって汚染された土壌の回復作業が実施されている。どのような方策がとられているか調べてみよ。

6.5　以前、わが国や発展途上国では、薪を燃料として大量に使って生活していたが、ダイオキシンの発生が問題とならなかったのはなぜか。

6.6　欧州連合（EU）の化学物質に関する規制、RoHS 指令と REACH について、それぞれの内容を調べてみよ。

6.7　PRTR 広場にアクセスして、住んでいる地域の環境中への化学物質の排出状況を調べてみよ。

7 　地球環境問題

　私たち人類が豊かで快適な生活を追求した結果、地球全体の平均気温が上昇している。それによって、記録的「猛暑」、頻発する「集中豪雨」、「竜巻」発生、「巨大台風」などの異常気象が頻発し、私たちの生活にも大きな影響が出始めている。さらに砂漠化、海洋汚染、酸性雨やオゾン層の破壊などの環境問題は、国境を越えて世界各国が協調して取り組むべき人類共通の課題である。その解決のためには、各国がどのように取り組んでいくべきか、個人が生活の中で実行できることは何かを考える必要がある。なお、酸性雨については 5.3 で述べた。

7.1　種々の地球環境問題

　1960〜70 年代までの日本の環境問題は、重化学工業などの発展によって、まず身のまわりの大気汚染や水質汚濁などが表面化した。この公害問題が一段落した後、人間が快適で豊かな生活を追及してきた結果、80 年代に入ると、原因の特定が難しく、一般市民が被害者でもあり加害者でもある都市環境の問題が顕在化してきた。

　1990 年代になると、成層圏のオゾン層破壊、各地での熱帯林の減少、生物種の絶滅などの国境を越えた地球規模で広がる環境問題がクローズアップされるようになった。先進国による大量生産、大量消費、大量廃棄、一方、開発途上国における人口爆発や経済成長にともなう環境破壊などさ

まざまな要素が加わった。この地球環境問題には、地球温暖化、オゾン層破壊、酸性雨、熱帯林の減少、砂漠化、野生生物種の減少、海洋汚染、有害廃棄物の越境移動などのように、発生源や被害地が必ずしも一定地域に限定できない問題が主に地球環境問題に該当する。

　このような地球環境問題は、次のような特色をもっている。

　①　空間的な広がりをもち、国境をこえた地球規模の問題であること

　②　時間的な広がりがあり、長期間をかけて進む問題であること

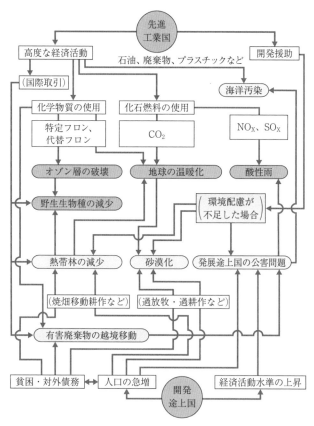

図 7.1　地球環境問題の相互関係（平成 11 年版 図で見る環境白書より作成）

③ 予期しにくい被害が生じたり、因果関係が複雑で明確でないこと

図 7.1 に見られるように、地球環境問題は複雑に絡み合っており、その因果関係は多岐にわたる。また一国だけによる解決はきわめて難しく、多くの国が協力して解決のために取り組む必要がある。

地球温暖化の問題については、1992 年、地球サミット（ブラジル・リオデジャネイロ）で気候変動枠組み条約が採択された。これは、地球の温暖化の防止を最終目標にした条約である。1997 年の地球温暖化防止京都会議では、CO_2 の排出抑制について初めて法的な拘束力をもった京都議定書がまとまった。この問題については、第 8 章〜9 章で詳しくみる。

7.2 地球温暖化

世界の平均気温は、図 7.2 のように 1891 年から 2017 年までの間に約 0.85℃、100 年あたり約 0.73℃ の割合で上昇している。特に 1990 年代半ば

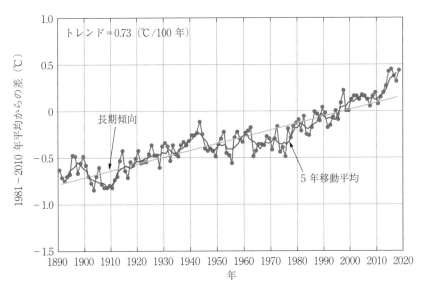

図 7.2 世界の年平均気温偏差（出所：気象庁 HP）

以降、高温となる年が多くなっている。日本の年平均気温は、長期的には
100 年あたり約 1.16℃の割合で上昇している。これが**地球温暖化**といわれ
る現象であり、産業革命以降、工業化や自動車の普及にともない、石油や
石炭などの化石燃料を大量に燃やし、また森林などを伐採して経済を成長
させてきた。その結果、大気中の CO_2 濃度は、産業革命前に比べて 40％
も増加してきた。

　2014 年の **IPCC**（気候変動に関する政府間パネル）の第 5 次評価報告書
（表 9.1 参照）では、20 世紀末頃（1986〜2005 年）と比べて、有効な温暖
化対策をとらなかった場合、21 世紀末（2081〜2100 年）の世界の平均気
温は 2.6〜4.8℃上昇、厳しい温暖化対策をとった場合でも 0.3〜1.7℃上昇
する可能性が高くなると予測されている。さらに、平均海面水位は最大
82 cm 上昇する可能性が高く、沿岸部の都市やインドのモルディブなどの
島国は水没する可能性が危惧されている。

　また、大気の循環に影響が生じ、異常高温や多雨、集中豪雨や干ばつが
発生し、農産物の収穫量が減少して、食料不足が起こる可能性も指摘され
ている。急速な気候変化は自然の生態系を乱し、その結果、絶滅に追いや
られる生物種が増え、未知の感染症が出現する危険性も指摘されている。
そのため、CO_2 を O_2 に変える森林の保護・育成、省エネルギー、排ガス
の規制、再生可能エネルギーの開発などが必要とされている。

　地球温暖化の原因・影響・対策等の詳細は、第 8 章〜9 章で述べる。

7.3　オゾン層の破壊

　地球を取り巻く大気は、図7.3のような構造になっている。地上1,000 km
程度までの大気の存在する領域を大気圏といい、対流圏、成層圏、中間圏、
熱圏の 4 つに分けられる。対流圏の上の高度 10〜50 km の成層圏の中の
高度 20〜30 km 付近にオゾン層（オゾンの多い領域）がある。このオゾ

ン層は、絶えず太陽から降り注ぐ有害な紫外線から私たちを守っている。1987年、このオゾン濃度が世界各地で薄くなっているという事実を、日本の南極観測隊が初めて明らかにした。南極上空では、オゾン層中のオゾン濃度が半分程度になっており、**オゾンホール**（オゾン層の穴という意味であるが、オゾン濃度が0ではなく通常のオゾン濃度より30％以上低い部分）ができたという報告がなされた。

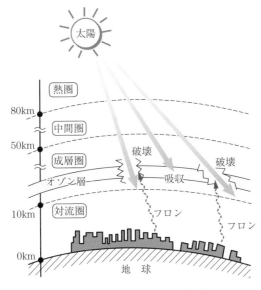

図7.3　大気の構造とオゾン層

このオゾン層の破壊のおもな原因は、**フロン（クロロフルオロカーボン）** によるもので、1960年代から大量生産され、冷蔵庫、エアコンの冷媒や噴霧剤、溶剤に使われた。図7.4に示すように、それらが廃棄された結果、中に入っていたフロンが大気中に放出され、成層圏に上昇して、紫外線の作用で塩素原子が放出される。その活発な塩素とオゾンが反応して、オゾンが酸素などに分解される。フロンから放出された塩素原子1個は、数万個のオゾン分子を分解し、このフロン分子が成層圏に滞留する時間は

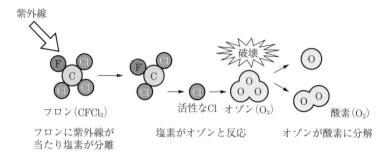

図7.4　オゾン層破壊のメカニズム

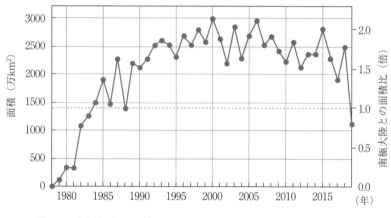

図7.5　南極上空のオゾンホールの面積の推移（気象庁 HP より）

50〜100 年以上ときわめて長く、問題を深刻化している。

　南極上空では、例年、南半球が冬から春に変わる 9 月頃オゾンホールが出現し、11〜12 月頃まで続く。オゾンホールの大きさは、図7.5 のように最近では南極大陸の面積の 1.5〜2 倍程度である。オゾンホールの規模は、2006 年には過去最大級の大きさに達したが、その後、増減を繰り返し、長期的な拡大傾向は見られなくなっているが、過去 10 年間の平均的な規模は南極大陸の約 1.7 倍程度である。最近は、北極でも一時的にオゾンホールに相当する現象が確認されている。世界気象機関（WMO）では、

今世紀後半までは深刻なオゾンホールが出現するとみている。

オゾン層の破壊による紫外線の増加は、皮膚がんや白内障の発症の増加の他、微生物や動植物にも深刻な被害をおよぼす。紫外線は波長により生体に対する作用が異なり、その違いからUV-A（320〜380 nm）、UV-B（280〜320 nm）、UV-C（180〜280 nm）の3つに分けられる。最も生物に有害な波長の短いUV-Cはオゾン層を通過する際、オゾンや酸素に吸収されて地表には到達しない。一方、UV-Aとオゾン層で一部吸収されるUV-Bは地表まで到達するが、UV-Bがより危険であり、皮膚細胞に吸収されると、DNAの構造が変化してがん化が引き起こされ、皮膚がんとなることもある。UV-Aは皮膚を透過して真皮まで到達することで、皮膚の老化に関係することが分かってきている。南極に近いオーストラリアやニュージーランドでは、日本の4〜5倍もの紫外線が降り注いでおり、子供が外で遊ぶ時間を制限したり、帽子や傘の使用を義務付けたりしている。南極上空では、オゾン層の大規模な破壊が続いている。

フロンは1987年採択の「モントリオール議定書」で国際的に規制され、従来のフロンの製造は、1995年末で全面禁止になった。その結果、フロン濃度の上昇に歯止めがかかったが、過去に排出されたフロンが分解されずに大気にとどまっている。**特定フロン**と呼ばれるフロン11（CCl_3F）など5種の代わりに**代替フロン**[1]が開発され使用されているが、一方で地球

表7.1 特定フロントと代替フロンの比較

	特定フロン		代替フロン
	CFC	HCFC	HFC
オゾン層破壊	ある	ある	ない
地球温暖化	ある	ある	ある

---

1) 代替フロン：Clを全く含まないC_3F_8や、Hを1個以上含むCH_2FCF_3のようなオゾン層を破壊するClを含まないフロンのことである。

温暖化の作用が大きく、2020年の原則撤廃が決められた（表7.1）。2016年に合意されたモントリオール議定書の改正では、代替フロンのハイドロフルオロカーボン（HFC）について、先進国が2036年までに製造や使用量を85%、発展途上国が45年に80%削減することが決められた。

7.4　海洋汚染

　海洋には、人間活動によってさまざまな汚染物質が排出されている。それらの物質は、ごみや生活排水、工場排水などによって陸上から流出してくるケースや、タンカー事故などによる石油や油脂、船舶からの**バラスト水**や捨てられるものなどさまざまである。

　環境汚染が特に深刻な問題になる場合には、戦争・紛争や事故による石油関連施設からの石油の流出、悪天候や人為的ミスによるタンカーの座礁による原油流出事故などがある。1989年3月にアラスカ沖で起きたエクソン・バルディーズ号の座礁事故では、37,000tの原油が流出し、周辺海域でラッコや海鳥などの生物を死滅させ、地元漁業に莫大な被害を与えた。1997年1月には日本海でもナホトカ号の海難とそれによる重油流出事故が発生した。6,200tにもおよぶ重油流出によって、重油の漂着は福井県沿岸を中心に日本海側の1府8県におよび、約53,000kL（海水、砂、ムース化による体積増を含む）が延べ約31万人の人手によって除去された。この事故では、外洋での油汚染除去態勢や危機管理体制、国際協力のあり方などについての多くの問題点が明らかになった。

　流出した石油は、図7.6のように海面で急速に拡散して広がり、同時に揮発成分が蒸発する。蒸発量は流出油によって異なり、原油の場合かなり多くなるが、重油では少ない。海面に広がった油分の一部は細かな粒子となって海水中に分散していく。海面を漂っている油膜は時間の経過とともに徐々に水分を吸収して「ムース」とよばれる半固体状になり、その後、

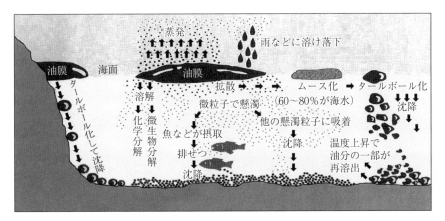

図 7.6　流出原油の海洋中での変性のメカニズム

「タールボール」という固まりになる。このようにして海中に分散した油は、海底に沈降したり、微生物による分解を受ける。しかし、この過程で海鳥に付着したり、魚介類が摂取したりしてほとんどの生物に重大な影響を及ぼすことになる。

　また、環境中に放出された有機水銀や PCB などの化学物質は、直接海へ流出したり、大気汚染物質が雨などとともに海洋に達したり、陸上から大気中を拡散して長距離を運ばれ海に溶解する。それらが、海洋生物の体内に取り込まれ、食物連鎖により生態ピラミッドの頂点に近いマグロなどの大型魚類やイルカ、鯨などの哺乳類に大量に蓄積することも問題となっている。日本では 1970 年に海洋汚染防止法（海洋汚染及び海上災害の防止に関する法律）が制定されている。

　日本近海では、海洋汚染は全体として減少傾向にあるが、**海岸漂着ごみ**の問題が深刻化し、漁業や生態系への影響が懸念されている。最近では、特にペットボトルやレジ袋などのプラスチック製品から発生する**プラスチックごみ**による海洋汚染が深刻化している。そのなかで、海に流出し、大きさ 5 mm 以下に細かく砕かれた**マイクロプラスチック**が特に問題視さ

れている（➡ 6.5（3））。

7.5　森林破壊と砂漠化

　世界の陸地のおよそ31％が森林であるが、現在、毎年約1300万 ha が
減少している。しかし、中国やヨーロッパなどでは、植林や自然増によっ
て増加している地域もあり、差し引きで世界全体では約500万 ha が減少
している。森林の減少は、地域別にみると、東南アジア、アフリカと南ア
メリカでの減少が多く、特に世界の森林面積の半分を占めている**熱帯林の
減少**が問題となっている。熱帯林の減少は、木材資源の枯渇をまねくだけ
でなく、地球温暖化の加速や野生生物の生息域を狭めて生物多様性の減少
につながることになる。

　このような森林破壊の最大の要因は、木材の商業伐採であり、木材の搬
出のため道路が造られ、過剰な伐採が繰り返されている。その他、地域に
よっても異なるが、農地や放牧地の確保のための開拓、伝統的な焼畑農業、
薪炭材の過剰な伐採なども原因として挙げられている。近年では酸性雨に
よる森林破壊も深刻である。

　森林は、水源涵養や CO_2 吸収の機能があって自然環境保全に役立って
いるため、違法伐採対策、森林火災の予防、植林などの対策が進められて
いる。

　一方、熱帯林の破壊と並行して、地球の陸地の1/4にまでして地球の砂
漠化が進行している。一般に、砂漠化とは、土の中の栄養分が減って植物
が育たなくなることをいう。1996年に発効した**砂漠化対処条約**では、砂
漠化は、「乾燥、半乾燥、乾燥半湿潤地域における種々の要因（気候変動
及び人間の活動を含む）に起因する土地の劣化」であると定義されている。

　国連環境計画（UNEP）などのデータによると、世界には61億 ha 以上
の乾燥地（年間降水量が蒸発量を下回る）が存在し、地球の陸地の約

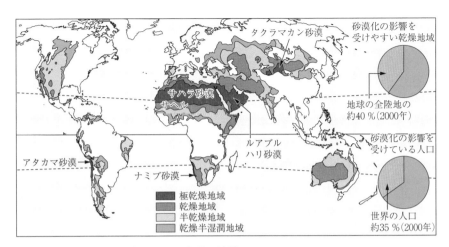

図7.7 砂漠化が進んでいる世界の地域
（環境省資料/Millennium Ecosystem Assessment（2005）による）

40％近くを占めている（図7.7）。こうした乾燥地域には、世界の人口の
33％の人々が生活しており、世界の食料生産の約75％を占めていて豊か
な農地も多い。そのうち約9億haがきわめて乾燥している地域（砂漠）
である。また、砂漠化の影響を受けている地域は、約36億haに達して
おり、そのうち面積の最も広い大陸はアジア、乾燥地面積に占める土壌劣
化の割合がもっとも多い大陸はアフリカであって、約73％に達している。

　砂漠化の原因は、乾燥地での過度の家畜放牧や植物採取、さらに地球温
暖化による土壌中の水分量の減少や水源の枯渇、土地の乾燥化がおもなも
のである。1960〜70年代のアフリカのサハラ砂漠の南側のサヘル地域を
襲った大干ばつを契機に、1977年に**国連砂漠化会議**が開かれ、国際的な
砂漠化対策の取り組みが開始された。現在、砂漠化対処条約に基づき、先
進諸国とNGO（非政府組織）が中心となり、砂漠化防止に向けた取り組
みが実施されている。内容は、適切な耕作・放牧、水の確保と制御、防
風・防砂など農業や林業、土木などの技術指導から、薪炭の使用量を減ら

```
┌─────────────────── 環境 NGO ───────────────────┐
```

環境 NGO（Non Governmental Organization）は、環境保護のための活動を行っている非営利の非政府組織である。世界には国際自然保護連合（IUCN）、WWF（世界自然保護基金）やグリーンピースやなどの国際的によく知られている団体の他、草の根レベルで活動しているさまざまな環境 NGO がある。

日本には 1 万団体以上の環境 NGO が存在していると推定されている。環境 NGO が、社会に与える影響は次第に大きくなっている。なお、NPO は Non-Profit Organization の略で、「民間非営利組織」などと訳される。

```
└─────────────────────────────────────────────┘
```

すための生活の改善など広範囲におよび、それぞれの風土にあった持続可能な取り組みが模索されている。

7.6　地球環境問題への取り組み

以上のような地球規模での環境問題の解決を図るため、1972 年、「かけがえのない地球」をスローガンに、国連人間環境会議（スウェーデン・ストックホルム）が開かれた。この会議では、環境問題がはじめて国際的に検討され、人間環境宣言が採択された。この宣言では、よりよい環境が人間の福祉や基本的人権、さらに生存権そのものを享受するために不可欠であると強調している。その結果、1973 年には国連の環境活動の調整機関として国連環境計画（UNEP）が設立された。

1992 年の国連環境開発会議（地球サミット）では、「持続可能な発展」が地球環境問題に対する基本理念として確認され、温暖化対策の柱となる気候変動枠組条約が締結された。1997 年、地球温暖化防止京都会議（COP3）で、温室効果ガス排出量の具体的な削減目標が採択された（京都議定書）。それにより、2008 年から 12 年の間に、温室効果ガスを 1990

年の排出量の 6%、米国は 7%、EU は 8%削減し、先進国全体で 5.2%の削減をめざすことになった。しかし、中国やインドなどの開発途上国には削減義務がなく、2001 年には米国が条約から離脱した。そのため、議定書の発効があやぶまれたが、2004 年にロシアが批准したため、2005 年 2 月に発効した。その後、2008 年〜2012 年の第 1 約束期間が終わり、COP21 で 2020 年以降の地球温暖化対策の新しい枠組みとしてパリ協定が採択され、2016 年 11 月に発効した。

　地球環境問題に対して、以上のようにさまざまな取り組みが行われている（表 7.2）。国家間の協力は必要であるが、私たち一人ひとりが日常の生活スタイルなどを見直して行動することも重要である。この地球規模の環境問題を考えて、地域で解決のために行動することは、"Think Globally, Act Locally" という標語であらわされている。

表 7.2　地球環境問題への国際的な取り組みの歩み

年代	事　項	年代	事　項
1971	ラムサール条約採択	1992	国連環境開発会議（リオデジャネイロ）、気候変動枠組み条約や生物多様性条約締結、森林原則声明採択
1972	国連人間環境会議で人間環境宣言を採択		
1973	国連環境計画（UNEP）発足 ワシントン条約採択		
		1994	砂漠化防止条約採択（パリ）
1974	世界人口会議（ブカレスト）	1997	京都議定書採択
1977	国連水会議（マルデルプラタ） 国連砂漠化防止会議（ナイロビ）	2002	持続可能な開発に関する世界首脳会議（ヨハネスブルク）
1985	オゾン層保護のためのウィーン条約採択	2005	京都議定書発効
		2010	COP10、名古屋議定書採択
1987	モントリオール議定書採択	2011	COP17 で京都議定書延長
1988	気候変動に関する政府間パネル（IPCC）設置	2012	国連持続可能な開発会議（リオ＋20）開催
1989	バーゼル条約採択	2013	水銀に関する水俣条約を採択
1990	モントリオール議定書第 2 回締約国会議（ロンドン）でフロンガスの 2000 年までの全廃を決定	2015	COP21「パリ協定」採択

さらに詳しく ＊下記項目の詳しい解説は、『新・地球環境百科』各ページを参照。

地球温暖化　75 / IPCC　87 / ストックホルム条約　158 /
オゾンホール　159 / 気候変動枠組み条約　82 / 京都議定書　82 /
オゾン　160 / フロン　160 / ウィーン条約　161 /
モントリオール議定書161 / 特定フロン　162 / 代替フロン　162 /
ハロン　162 / 海洋汚染　44 / 海洋投棄　45 / バラスト水　45 /
ロンドン条約　46 / 海岸漂着ごみ　46 / 砂漠化　36

演 習 問 題

7.1　地球温暖化、酸性雨、オゾン層の破壊、森林破壊、砂漠化について、それ
　　らの原因と影響・被害等をまとめてみよ。

7.2　世界中の乾燥地で進行している砂漠化は、そこに住む人々ばかりでなく、
　　地球全体の環境や社会に大きな影響をおよぼしている。現在、世界の陸地
　　の40％が年間降水量が蒸発量を下回る乾燥地域（サバンナ、ステップ、パ
　　ンパ、砂漠など）である。その面積を1章の図1.3に示されている耕地面
　　積および森林面積と比較してみよ。

7.3　企業の地球環境に対する取り組みについて、次の観点から調べてみよ。
　（1）　商品のパッケージや材質などの工夫
　（2）　ゼロエミッション（➡11.5）を試みている企業の活動例

7.4　地球環境問題に対して私たちができることを考えてみよ。

8 地球温暖化と CO₂

　世界の年平均気温は年々上昇し続けており、ハワイにあるマウナロ
ア観測所のデータによると、2018 年 4 月、大気中の CO_2 の月平均
濃度が観測史上、初めて 410 ppm を超えた。この CO_2 濃度は過去
80 万年で最高レベルにあるとされ、今後、私たちの健康や身のまわ
りの自然環境、地球環境に大きな悪影響を及ぼすことが懸念されてい
る。本章では温暖化の現状とメカニズム、CO_2 の化学物質としての
特性などをみる。

8.1　大気中の CO₂ 濃度

　産業革命以前、CO_2 は主として海洋や森林・土壌に吸収されることに
よって、地球全体で放出と吸収のバランスがとれ、大気中の濃度は
280 ppm[1) でほぼ一定であった。しかし、産業革命以降、人類が石炭や石
油などの化石燃料を大量に燃やすとともに、森林伐採が大規模に行われる
ようになり、排出される CO_2 が急増して、大気中に蓄積されるようになっ
た。図 8.1 は 1958 年から測定されているハワイマウナロアの米国海洋大
気庁の、1958 年から 2019 年までの大気中の CO_2 観測結果である。この間

---

1) ppm：parts per million の略。100 万分の 1 の量を表すための単位。微量の水質汚濁物質や
　大気汚染物質の濃度の単位として用いられる。この 280 ppm とは 1 m³（＝1000000 cm³）
　の大気中に 280 cm³ の CO_2 が含まれている体積比としての濃度のことである。

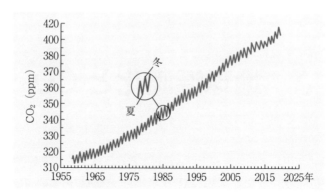

図8.1　マウナロア山（ハワイ）における大気中 CO_2 濃度の変化

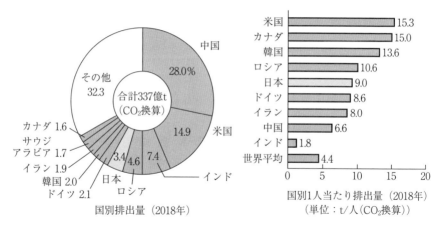

図8.2　CO_2 の国別排出量と国民1人当たりの排出量
（出典：国際エネルギー機関（IEA）の資料から作成）

に CO_2 濃度は、植物の光合成の活動による夏と冬に起因する季節変動が観
測されているが、315 ppm から 415 ppm（2019 年）へと増加している。

　2018 年の世界の国別の CO_2 排出量を図 8.2 に示す。経済成長が著しい
中国の排出量が世界の 1/4 超と最も多いが、先進国は微減である。日本は
世界で5番目の排出国であり、米国は全世界の約 4.3％の人口（約 3.3 億人）
でありながら、1/6 弱もの CO_2 を排出している。各国の1人あたりの CO_2

地球は寒冷化？

　地球温暖化がほんとうに進行しているのか、一部の気象学者の中には長期的には地球の活動は寒冷化に向っているという見方もある。地球温暖化が引き起こす自然現象の恐怖を描いた米国映画「ザ・ディ・アフター・トゥモロウ」（2004 年）が話題になったが、これは、次のような、温暖化→異常気象→南極・北極の氷の融解→海水中の塩分濃度の減少→海流（北大西洋海流など）の流れの変化→寒冷化→氷河期に向かう、というストーリーであった。

　海洋水の循環は、風による力で海流が形成されるものと、温度・塩分濃度に起因する海水の密度差によって起こる流れとがある。一般に表層では前者、深層では後者が支配的である。海水は図 8.3 のように大西洋北部の寒冷な気候で冷却され、しかも蒸発により塩分濃度が高くなった海水は密度が高く、海底へ沈み込む。この重い海水は、海底付近を流動し、ヨーロッパ沖を南下し、喜望峰を回った後、一部はインド洋に、一部は南太平洋で水表面へ湧昇する。その湧昇海水はそこで暖められて、再び表層水としてヨーロッパ沖へ還流する。この海洋の大循環は、熱帯地方の気温を低下させるとともに、ヨーロッパの気候を温暖なものにしている。この循環が止まると、気候緩和効果が失われヨーロッパが寒冷化するというのが、その映画の背景である。

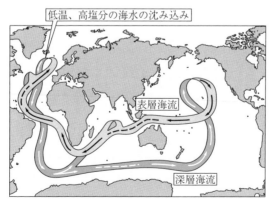

図 8.3　海洋大循環

排出量は、全世界の平均が 4.4 t であるのに対して、先進国はいずれもかなり高くなっている。中国とインドは、1人当たりではまだかなり CO_2 排出量が少ない。今後、この両国は工業化の進展と国民生活が豊かになることが予想され、CO_2 発生量が急激に増大していくことが危惧されている。

8.2 温暖化のメカニズム

太陽から地球に、可視光を中心とする短波長の光エネルギーが放射される（太陽放射）。このうち、約34％は図8.4に示すように、大気に反射されて地球の外へ出ていく。約18％が大気に吸収され、残りの約48％が地球表面まで到達し、地球を暖める。温まった地球の表面からは、その温度に応じた赤外線を主とした長波長の光が放出（地球放射）される。しかし、大気中の水蒸気や CO_2 などの**温室効果ガス**によって、地球放射の赤外線が吸収され、宇宙空間に出て行く赤外線の量が減って、地球の大気が暖められる。これを**温室効果**（Greenhouse effect）という。増加した CO_2 により地球が温暖化すると、さらに次のように水蒸気、雪氷、植生の変化によって温暖化に拍車がかかると考えられる（図8.5）。

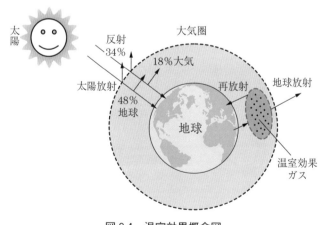

図 8.4　温室効果概念図

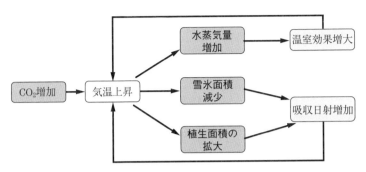

図 8.5 水蒸気、雪氷、植生の気温上昇へのフィードバック

① 水蒸気のフィードバック[1]

気温が上昇すると、大気中の水蒸気量が増すため、海からの蒸発がさかんになる。その結果、水蒸気による温室効果がさらに強まり、気温が上昇する。

② 雪氷のフィードバック

雪や氷は太陽光をよく反射してあまり吸収しない。地球温暖化により、高緯度地方の雪や氷が溶けると、雪氷による太陽光の反射が少なくなる。その結果、太陽エネルギーがより多く、地表面に吸収されることになり、気温が上昇する。

③ 植生のフィードバック

地球温暖化により高緯度地方も植物におおわれるようになると、植物は太陽光を吸収するため、植生の面積が広がると、より多くの太陽光が吸収されるようになり、気温が上昇する。

---

1) フィードバック：ある結果が元の原因に影響を与え、それによってまた結果が影響を受けるという因果関係がサイクルのようになる状態。

8.3　CO_2 の特性

（1）　用途

　CO_2 は、炭素の酸化物で最も代表的なものの 1 つであり、大気中に存在する気体として窒素、酸素、アルゴンに次いで多く、約 0.04％ 含まれている。図 8.6 のグラフは、水蒸気を含まない乾燥空気についてのものである。水蒸気は地域、季節、気温などによって濃度が 0.5〜3.5％ と大きく変動するが、平均で大気中に約 2％ 程度含まれ、地球の気候に大きな影響をおよぼしている。

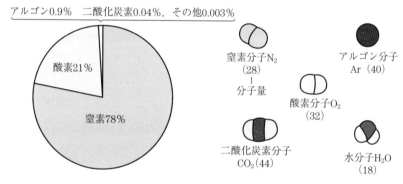

図 8.6　大気中の成分とそれらの分子構造モデル

　CO_2 は、常温では気体で、気体の状態の CO_2 は「炭酸ガス」とも呼ばれる。その固体はドライアイスと呼ばれ、昇華性がある。分子量は 44 であり、空気の平均分子量 29 よりかなり重く、無色、無臭の気体である。CO_2 は、主に炭素を含む物質（化石燃料など）の燃焼や、生物の代謝活動によって生じる。多くの植物は、光合成によって水と CO_2 から酸素と炭水化物を生成する。CO_2 は大気中では液体の状態をとらず、直接固体から気体へ変化する。

　われわれの日常生活での CO_2 の三大用途は、物の冷却（ドライアイス

による）、炭酸飲料、溶接（金属の溶接の際には品質をよくするため、まわりの窒素や酸素と反応させないようにアルゴンと共にCO$_2$が使われる）である。その他のCO$_2$の効用として、消火剤、殺虫剤、バナナ輸送時の熟成を抑制するためや、ドライアイスを細かな微粒子として噴出させて塗料をはがすなどの工業的な用途にも使われている。

（2） CO$_2$の毒性

ある化合物が毒になるか否かは、その量と使い方に依存する。CO$_2$は大気中の濃度レベルでは毒性は全く問題ない（われわれの日常生活の中では、局所的には0.04％の2倍から5倍の高い濃度になっていることが多い）。しかし、COよりもずっと高い濃度レベル（2％を超える）では、実はCOに優るとも劣らない中毒の危険性がある。

CO$_2$の生理作用として、酸素に混合されたCO$_2$は、呼吸中枢を刺激するが、呼気中のCO$_2$濃度が10％以上になると意識不明となり、25％以上では大脳皮質が抑制され、昏睡状態になって数時間で死亡、30％以上になると即死する。CO$_2$の毒性によると推定されるものとして、1997年7月、青森県八甲田山麓で自衛隊のレンジャー訓練中、くぼ地に自衛官が飛び降

◁ CO$_2$と温暖化の因果関係の見方 ▷

CO$_2$濃度の上昇と気温の上昇とは変化のパターンがよく一致している。しかし、それは単に2つの変数の相関をみたものにすぎず、その因果関係は、現在の科学のレベルでは未解明の部分が多く、種々の学説がある。

1つは、CO$_2$濃度の上昇が気温上昇をもたらすのではなく、逆に気温上昇によってCO$_2$濃度が上昇したと考える説である。これは、気温が上昇すると海水温も上昇し、溶解できるCO$_2$が減少し、大気中のCO$_2$濃度が上昇すると考える。また、別の見方では気温が上がると蒸発する海水が多くなり、大気中の水蒸気の量が増し、それによる温室効果の寄与がCO$_2$よりもずっと大きいとみる。

りたところ、次々に倒れて入院し、内 3 名が死亡した事例がある。調査によると、くぼ地の CO_2 濃度が 15〜20％に達し、発生源は火山性ガスによることが判明した。この場合、酸素欠乏症が主因である可能性もあるが、CO_2 は空気より重いため、無風状態であれば、そこで発生した CO_2 が高濃度にたまることは十分考えられる。1986 年、アフリカ・カメルーンのニオス湖では、湖水中で火山から大量に発生した CO_2 によって周辺住民 1,700 名以上が死亡した。

　一方、ドライアイスの取り扱いも密閉したところでは、危険が伴う。2002 年 7 月、大阪市北区のドライアイス卸売会社において、ドライアイスが昇華して発生した CO_2 により、4 名が酸素欠乏症となり、内 1 名が死亡する災害が発生している。CO_2 濃度が 10％前後になると、通常 O_2 の著しい低下を伴う。

8.4　CO_2 の温室効果

　地球の平均気温は約 15℃であるが、もし大気が存在しない、あるいは温室効果ガスを全く含まなかったと仮定すると、気温は−18℃になるといわれている。この 33℃の差は、地球を取り巻く大気が温室効果をもたらしているからである。特に大気の中でも水蒸気（水）の寄与がほとんどであるが、大気中の水蒸気の量は水の循環の中に入り、人間活動の水蒸気の量への寄与は無視できる。したがって、CO_2 が地球温暖化の最大の原因と考えられている。

　大気の成分の内、CO_2 よりも圧倒的に多い窒素、酸素、アルゴンは温室効果を示さない。CO_2 が温室効果ガスである理由はその分子構造にある。図 8.7 に示すように CO_2 は、分子全体では電気的に中性であるが、電子の偏りがあり、中央の炭素原子が少しプラス、両端の酸素原子が少しマイナスになっている。そしてこの分子は、重心を固定して左右および上下に振

動しており（原子間の距離が変化し、10兆回／秒の速さで振動）、赤外線の電場がもつ振動と合うと共振が起きて、CO$_2$分子が赤外線のエネルギーを吸収して分子の振動が激しくなる。その後、しばらくした後、同じ振動数の赤外線を外部に放出して元の振動状態に戻る。さらに、光の電場はきわめて高速でプラス、マイナスに振れている。分子がその振動に同調して、プラス、マイナスに振れると、分子は赤外線のエネルギーを取り込んだり吐き出したりする。一方、窒素や酸素は、分子内の振動によってそれらを構成している原子間の距離が変わっても電子の偏りがないため、その振動運動により赤外線を吸収できない。

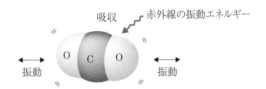

図 8.7　CO$_2$分子の振動と赤外線吸収

　一方、天然ガスの漏出や牛などの反芻動物のおくび（ゲップ）、水田、廃棄物埋立地などから流出しているメタンや一酸化二窒素、フロンや代替フロン、六フッ化硫黄も同様に赤外線を吸収する働きがあり、これらもCO$_2$と同様、地球温暖化防止のための削減対象ガスと決められている。

8.5　CO$_2$の発生と吸収

　地球全体でみると、（炭素の重量でみた）おおよその1年間のCO$_2$発生量は図8.8のように、化石燃料の燃焼によって58億t–C、森林破壊によって15億t–C、合計で73億t–Cであり、大気中のCO$_2$全量（7,300億t–C）の約1％に上ると推定されている。発生したCO$_2$は植物や土壌に吸収されると同時に海水に溶け、合計で38億t–Cが消失し、大気中に35億t–Cが蓄積する。この大気中に蓄積されるCO$_2$の量が年々少しずつ増加している。

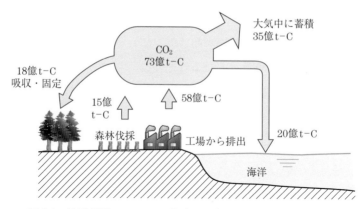

図 8.8　地球規模での CO_2 の発生と吸収
（図中の数値は C に換算した値：CO_2 換算では 3.67 倍）

　CO_2 は水に溶けると、5.3 で説明したように、ガス分子としての CO_2、H_2CO_3、CO_3^{2-}、HCO_3^- の 4 種類の形態として存在する。水溶液中の他のイオンや塩類、温度、pH などによって、それぞれの化学種の割合は異なり、CO_3^{2-} は塩基性が強い環境条件でのみ存在する。一般に通常の気体と同様に、水温が低いほど水に多く溶け込む性質があり、また、水中に溶解するガスの溶解度は、大気中の着目しているガスの圧力（分圧）に比例するというヘンリーの法則に従うため、圧力をかけるほど CO_2 の溶解度が増す。現在の海水の pH は約 8.1 であるが、大気中の CO_2 の溶け込みによって pH 値が徐々に下がる「海洋の酸性化」といわれる現象が、日本近海やハワイ沖、バミューダ諸島沖などで確認されている。

　温暖化対策技術に、以上のような CO_2 の物理化学的性質を利用する試みがいくつか提案されている。たとえば火力発電所のような大規模な固定発生源から、CO_2 を固定する方法として、排出ガス（CO_2 が 10〜20％程度）をアルカリ性溶液に通じて CO_2 を吸収させ、その後で加熱して回収することが検討されている（図 8.9）。CO_2 の吸収液にはモノエタノールアミンなどのアミン系有機物が着目されている。

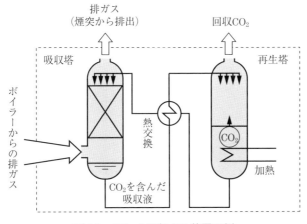

図 8.9　CO_2 を吸収する装置の例

　図 8.8 でみたように、人為的に放出された CO_2 の内、27％は海洋へ吸収される。海洋への CO_2 吸収速度は遅いが、その量的吸収能力は桁外れに大きい。そこで CO_2 の貯留場所としての機能に着目して、火力発電所等から回収された CO_2 を海洋に固定しようというアイデアが提案され、日米欧において種々の角度から研究開発が行われている。これは CO_2 は高水圧下では、水と結合してシャーベット状の固形物（ハイドレート）になるという性質を利用するものである。

　しかし、CO_2 の高純度回収、液化、輸送および深海への送り込み（液体 CO_2 の密度は水深 3,000 m 以浅では海水より小さい）に膨大なエネルギーが必要となり、環境への影響も未解明の部分が多いなどの課題がある。また、石炭の層や油田等の地中 1,000 m 以上の深いところに超臨界流体状態の CO_2 を注入する方策も有望と考えられている（図 8.10）。このような二酸化炭素の回収・貯留（CCS[1]）技術のプロジェクトは現在、カナダ、アルジェリア、ノルウェー沖などで始まっている。

---

1) Carbon dioxide Capture and Storage の略

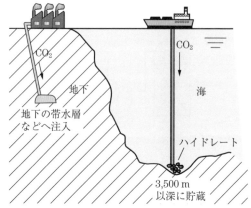

火力発電所などでCO_2回収

図 8.10　CO_2 の深海および地下貯留技術（CCS）

超臨界流体

　超臨界流体としての CO_2 を利用する試みが、最近、注目を集めている。超臨界流体とは、気体でも液体でもなく、密度は液体に近いが、気体にふるまいが似ている物質の状態のことであり、その特性は気体や液体の場合とかなり変わる。CO_2 の場合、温度 31℃以上、圧力 7.3 MPa 以上になると超臨界流体となる。CO_2 の超臨界流体は化学的に安定で、PCB やダイオキシンなどの物質をよく溶かし込む。それが同時に気体の性質を持っているため、自由に流動して他の物体の中に浸透し、溶かし込んだ成分を効率よく抽出したり、分解したりすることができる。化学工場から排出される有害物質の処理には有機溶剤などが使われており、環境汚染のリスクがあった。しかし、CO_2 や水の超臨界流体を使えば、環境を汚すことなく、これまで分解しにくかったダイオキシンなども分解できることが分かっており、実用化への研究・開発が進められている。

| さらに詳しく |　＊下記項目の詳しい解説は、『新・地球環境百科』各ページを参照。

温室効果ガス　76 / 二酸化炭素　77 / 二酸化炭素の深海・地下貯留　78 /
炭素循環　78 / 海洋大循環　36

演 習 問 題

8.1　大気中の窒素、酸素およびアルゴンが温室効果を示さない理由を分子構造
　　に基づいて説明せよ。

8.2　代替フロンのように今後、新たな温室効果ガスが問題となる可能性につい
　　て論じよ。

8.3　水蒸気は大気中の濃度が高く、CO_2 よりも温室効果が高いにも関わらず、
　　削減対象の温室効果ガスとみなされない理由を述べよ。

8.4　落葉樹や雑草が生い茂ることは、CO_2 の固定化に役立つか否か論じよ。

8.5　二酸化炭素の回収・貯留システム（CCS）の問題点について考えてみよ。

8.6　海洋酸性化が生態系におよぼす影響について考察してみよ。

8.7　肉類の生産に関わる温室効果ガス排出量は、肉 1 kg 当たり CO_2 換算で牛
　　肉は 23.1 kg（うちゲップで出るメタンなどが 54％）、豚肉は 7.8 kg、鶏肉
　　は豚肉の半分程度であると見積もられている。これらの温室効果ガス排出
　　量をガソリン消費量に換算せよ。ただし、ガソリンの CO_2 排出量は環境省
　　公表の排出係数 2.32 kg/リットルとして計算せよ。
　　答え：牛肉＝約 10.0 リットル、豚肉＝約 3.4 リットル、鶏肉＝約 1.7 リッ
　　トル

9　低炭素社会の構築

　温暖化による気候変動の脅威が自然、生態系、農業、食品、経済、人々の生活を揺るがしている。これによって「気候非常事態宣言（Climate Emergency Declaration；CED）」を出す自治体が欧米を中心に急増している。地球温暖化の原因である CO_2 などの温室効果ガスの排出を、再生可能エネルギーの導入や私たちのライフスタイルを変革することによって、CO_2 などを極力出さない環境配慮を徹底する社会システムが、「低炭素社会」である。地球温暖化対策の「パリ協定」が 2020 年本格始動した。

9.1　地球温暖化の影響

　これまでの気候変動を示す数々のデータから、地域的な気温の変化が氷河や海氷、動植物などに対して既に影響を及ぼしていることが明らかになっている。2006 年に発表された**スターン報告**（「気候変動の経済学（The Economics of Climate Change）」の略称）では、激しい気象や気候変化による物理的な被害や人的な被害、生活環境の変化、経済システムの変化、社会制度の変化などが懸念されている。

　一方、IPCC[1]の第 5 次評価報告書（表 9.1）によれば、気候変動の原因

1）1988 年設立。世界各国の専門家が 3 つの作業部会に分かれ、90 年、95 年、2001 年、07 年、13〜14 年、21 年に報告書を公表。

表9.1　IPCC 第5次評価報告書（2013年9月〜2014年4月）のポイント

> ①　温暖化は主として化石燃料の燃焼で引き起こされており、特に CO_2 排出量の大きな石炭の影響が大きい。
> ②　このまま何も対策をとらないと、今世紀末には産業革命前と比べて 3.7〜4.8℃ の気温上昇が予測される。
> ③　気温上昇 2℃ 未満に抑えても影響は甚大であり、温暖化の影響に対する「適応」が必要である。しかし 4℃ 上昇すると、「適応」が不可能となり、世界的に食糧や水の確保に大きな困難が生じる。
> ④　2℃ 未満に抑えるためには、2050年までに世界の温室効果ガスの排出量を 2010年に比べて 40〜70％ 削減する必要があり、低炭素エネルギーへの転換などエネルギーの根本的な改革が必要である。

は 95％ 以上が人間活動によるものであるとしており、観測による事実として、1880年〜2012年の間にかけて、地球平均で 0.85℃ の気温上昇があったとしている。

　地球温暖化の影響は、気候・自然環境への影響と、社会・経済への影響に大別される。これまでの数々の事実から、地域的な気温の変化が氷河や海氷、動植物などに対して、すでに影響を及ぼしつつあることが明らかになっている。今後、予想される温暖化の影響には、次のようなものがあげられるであろう。

①　海水面上昇

　南太平洋の島国、ツバル共和国では、この 10年で約 6cm 海面が上昇し、国土が水没の危機に陥っている。大潮のときには、地面から海水が噴出し、国中が水浸しになる。イタリア・ベネチアでは 100年で 10cm 海面が上昇し、街の中心部が 1年で 40回も海水につかるようになり、ルネサンス時代の建築物が被害を受けている。中国では、過去 30年の間に上海で 11.5cm、天津で 19.6cm 海面が上昇した。世界では、海水面の上昇によって居住できなくなる**環境難民**が増えており、そういう人々の移住や土地をめぐる国際紛争が生じることも危惧されている。

　従来、南極や北極の氷・氷河の融解が海面上昇のおもな要因であるとさ

れていたが、現在では図9.1で示すように表層海水（深さ200〜300mまで）の熱膨張の影響の方が大きいと考えられている。ツバル共和国（南太平洋）やモルディブ共和国（インド洋）では、既に国土の水没の危機が現実化している。また、サンゴ礁の白化[1]などが起きている。

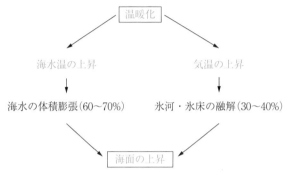

図9.1　海水面上昇のおもな要因

② 異常気象

　温暖化が進むと、空気中に含まれる水分の量が増えるため、以前よりも雨雲ができやすくなる。平均降水量は地球全体で増加するが、雨の多い地域はさらに多く、逆に少ない地域ではますます少雨になることも予測されている。また、洪水や干ばつ、暴風雨、熱波や寒波が起こりやすくなる。多くの沿岸域では、水系のはんらんの増加や海岸侵食の加速、地下水など淡水資源の塩水化が起きる可能性が高くなる。また、温暖化の影響で海水温が上昇し、きわめて強い勢力を持つ熱帯低気圧が発生する頻度が増えると予想されている。

　最近、日本でも集中豪雨が増え、温暖化とヒートアイランド現象によっ

1）サンゴ礁の白化：サンゴ礁は、サンゴ虫と植物プランクトンの一種の褐虫藻との共生体である。海水温が上昇するとサンゴ虫へ養分を補給している褐虫藻が脱け出してしまい、褐虫藻の色素がなくなって白くなり、サンゴ虫が死滅する現象。

て1日の最高気温が35℃以上の日が1990年以降急増し、東京などの大都市では20年前の約3倍になっている。オーストラリアでは2002年から断続的に大干ばつが続いている。

③ 生態系の変化

気温が上昇すると、南方の生態系は北上して、環境に適応しようとする。樹木の北上可能速度は20〜100 km/100年といわれるが、農耕地や住宅地、人工林などにより、北上を妨げられたり、植生の分断などが起きる可能性がある。動物のうち森林に依存しているものは、食物連鎖が崩れたり、繁殖地が減少したりして、絶滅の危機に瀕するものが出てくる。高山や極地の生態系は最も影響を受けやすく、富士山では以前は7合目で高山植物がみられたが、今では8合目以上でないとみられなくなっており、植生が上昇してきている。

一方、北極の氷はここ100年で最も小さくなっており、イヌイットの狩の地域をせばめ、ホッキョクグマやアザラシなどの生息を脅かし始めている。また、マラリアや西ナイル熱、デング熱などを媒介する生物の生息域の北上による伝染病の増加が心配される。既に米国では、1990年代に入って、マラリアと西ナイル熱が発生している。さらに、シベリアなど北の永久凍土が溶けることで未知のウイルスが発生するリスクも指摘されている。

海水温の上昇によって、海洋生物の生息域も変化する。日本近海の海水温はこの100年で約1℃上昇し、本州南岸では30年間で約2℃水温が上昇しているところもある。すでに、有毒渦鞭毛藻ガンビエールディスカスが亜熱帯や熱帯の海から北上して本州にも定着している場所が広くなってきている。また、とげに猛毒をもち、サンゴを丸ごと食べてしまうオニヒトデが沖縄で大繁殖し、水温が上がると生育が早まるため北上が進み、三宅島でも生息が確認されている。

④ **農業生産**

CO_2 濃度の上昇は、温度と光の条件が同じであれば、光合成が活発になって作物の生育が一般によくなる方向に働くが、河川下流域では、海水の浸入による塩害が起こりやすくなる。また、河川中流域では生態系の多様性がない単一作物を栽培しているケースが多いため、気温や気候の影響を受けやすい。さらに、気温上昇によって土壌中の水分が蒸発しやすくなり、総合的には食料の生産性は低下するものと予想されている。

IPCC によると、小麦、トウモロコシ、イネの3種について、温帯では1〜2℃の上昇なら CO_2 濃度の上昇で光合成が活発化し、収穫量が最大10％増加する。しかし、温度が3℃上昇すると収穫量は減少し始め、5℃の上昇では最大20％減となる。一方、熱帯では1℃の上昇で、収穫量が減り始め、小麦は最悪の場合、収穫量が半減すると予測されている。

⑤ **その他の影響**

海流の変化によって産業構造（沿岸の観光資源の被害など）が変化したり、ウインタースポーツができなくなったり、真夏日が増えて光化学スモッグやヒートアイランド現象が深刻化して熱中症が増加したり、インフルエンザが夏に流行し、食中毒が増加するなど人体への健康リスクも懸念される。安全保障面の問題としては、温暖化により水不足や農業生産の低下で紛争拡大や地域の不安定化が予測される上、住む土地を奪われた環境難民が発生する恐れもある。

一方、温暖化による影響はマイナス面だけではなく、プラス面も予想される。寒冷地では気温上昇によって、住民の生活が快適になり、従来、雪や氷で土地利用が制限されていたところで産業活動や農業、レジャーなどが盛んになることが予想される。特に米国の穀倉地帯のようにこれまで小麦やとうもろこしの栽培に適していた地域が、カナダなど北部に移動したり、ロシアの農業生産が飛躍的に増大することなどが予想される。

9.2　京都議定書・パリ協定

　温暖化防止のためには、CO_2 などの温室効果ガスを世界規模で規制する必要性がある。**京都議定書**（表 9.2）とは、1997 年 12 月京都で開かれた「気候変動枠組条約第 3 回締約国会議（COP3）」で採択された、先進国の温室効果ガス排出量について法的拘束力のある各国の数値約束を定めた条約である。2005 年 2 月 16 日発効し、温室効果ガスの削減量は、先進国全体で 5%をめざし、1990 年の時点と比べて EU は 8%、米国 7%、日本 6%削減（2008〜12 年の平均）などの国際的義務を負った。しかし、米国は 2001 年、経済への影響などを理由に、議定書から離脱した。2008〜12 年の第一約束期間が終わり、日本の総排出量は基準年比で 1.4%増加したが、下記の**京都メカニズム**などを活用することによって、最終的に 8.4%の削減に成功し、削減目標を達成した。2013 年から、2020 年までの第二約束期間では、日本はすべての国が参加しない京都議定書は公平性、実効性に問題があるとの観点から、ロシア、カナダとともに不参加になった。

表 9.2　京都議定書の骨子

- 先進国全体で 2008〜2012 年までの間に 1990 年の温室効果ガス総排出量に対して、5.2%削減
- 対象ガス：CO_2、CH_4、N_2O、HFC、PFC、SF_6
- 主要国の削減目標：EU→ −8%、米国→ −7%、日本・カナダ→ −6%、ロシア→0%、オーストラリア→ +8%、アイスランド→ +10%
- 先進国が温室効果ガスを削減しやすいように、排出量取引の制度を導入
- 発展途上国に対する排出量削減は見送り
- 森林等による CO_2 の吸収量を削減目標の達成手段として算入可能

　温暖化ガスの排出量を減らすためには石油、石炭などの化石燃料の使用量を減らしたり、旧式の工業炉をエネルギー効率の優れた新式の設備に置き換えたりすることが有効である。しかし、このような方法にも限界があるため、この議定書では、次のような**京都メカニズム**とよばれる 3 つの経

済原理（図 9.2）を導入した点に特徴がある。

① 国際排出量取引

これは温暖化ガスを排出する権利を、政府間で国際的に売買する仕組みであり、一国内で対策をとるより低コストでの削減が可能になる。

② クリーン開発メカニズム（CDM）

先進国の政府や企業が、途上国で温暖化ガス削減事業に投資、削減分を目標達成に利用する。

③ 共同実施（JI）

先進国が共同で温暖化ガスの排出削減事業に取り組み、削減分を分け合う制度である。

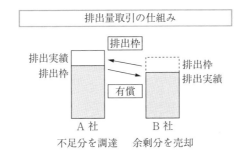

図 9.2　京都メカニズムの概念図

ヨーロッパ諸国（ノルウェー、スウェーデン、フィンランド、デンマーク、イギリス、オランダ、ドイツおよびイタリアの 8 カ国）では、さらに 1990 年代、エネルギー利用等で排出される CO_2 などに課税する**環境税**を

導入した。環境税は、一般に環境破壊や資源の枯渇に対処するために、環境に負荷を与える財・サービスに対して設けられる税金である。法的規制とは異なって、市場メカニズムを利用する経済的手法の一つである。温暖化に対しては、環境税の一種である**炭素税**（化石燃料の消費に課税）が1990年にフィンランドが初めて導入し、翌年にスウェーデンが続いた。現在ではデンマーク、オランダ、ドイツ、イギリス、イタリア、スイスなどが環境税を導入しているが、その税率や形態、名称は各国それぞれである。デンマークでは、経済成長と環境税による CO_2 の削減を両立させている。

　以上のように北欧諸国やドイツでは先に環境税が導入され、2005年にヨーロッパ排出量取引制度が導入されたが、このように2つ以上の政策を組み合わせて行う施策をポリシーミックスという。

　日本では2012年10月から**地球温暖化対策税**が導入された。これは原油・石油製品、石炭、天然ガスなどすべての化石燃料に対して、CO_2 排出量に応じて課税する。輸入の場合は輸入業者、国内産であれば採掘した業者がそれぞれ国に税金を納める。その税率はヨーロッパ諸国などの環境税と比べてきわめて低い水準にあるが、段階的に引き上げられ、税収は省エネ対策や太陽光発電、風力発電などの再生可能エネルギーの普及のために使われるというものである。

　2015年末のCOP21で2020年以降の地球温暖化対策の新たな枠組み**パリ協定**が採択され、2016年11月に発効した。これは世界の温室効果ガス排出量を今世紀後半に実質ゼロにし、産業革命前からの気温上昇を2℃未満に抑えるのが目標である。この国際条約では参加国に対して温室効果ガス削減目標を自主的に決定し、国内対策の実施を義務付けている。全ての批准国が削減目標を5年ごとに見直し、目標達成状況を検証する仕組みが導入される。

　日本は2030年までに2013年度比で26.0％まで温室効果ガスを削減する目標を掲げ、低炭素社会の実現に向け、さまざまな取り組みが行われている。世界では、地球温暖化に歯止めがかからないとの危機感から、CO_2排出量を減らすため脱石炭の流れが主流であるが、石炭火力発電所を内外で推進している日本には、厳しい批判の目が向けられている。

9.3　温暖化対策技術

　これまでに検討されている温暖化対策技術の代表的なものとして次のようなものがあげられる。

（1）　森林の活用とブルーカーボン

　森林は、光合成によってCO_2を吸収・固定するばかりでなく、植物による水の蒸散作用と、この作用の結果生じる水蒸気により気候を緩和・調節させる効果がある。また、先進国が途上国において植林事業を行った場合には、CDMによってCO_2の削減量として認められる。

　大気中のCO_2はアマモなどの海草、コンブやアラメなどの海藻、マングローブなども吸収する。樹木が吸収するCO_2の「グリーンカーボン」に対して**ブルーカーボン**と呼ばれる。国連環境計画（UNEP）によると世界全体のCO_2吸収量は年に約9億tと見積もられ、藻場の再生などが温暖化対策の面からも注目されている。

（2）　バイオマスの利用

　バイオマスとは、日本語に訳すと生物体量または生物量になり、再生可能な生物由来の有機資源で化石燃料を除いたものである。薪・炭は古くから利用されてきたエネルギー源であり、食品廃棄物や家畜排泄物、稲わら、間伐材などが含まれる。2009年には「バイオマス利用推進基本法」も施行され、温暖化防止への利用が期待されている。

　バイオマスには優れた特性がある。1つは、生命と太陽がある限り枯渇

しない再生可能な資源である点である。もう1つは、燃やしても CO_2 の増減に影響しない**カーボンニュートラル**（二酸化炭素の相殺）が成り立つ点である。

　バイオマスは備蓄性のあるエネルギーであることが再認識され、北欧などでは、石炭や石油の代替としてボイラーの燃料などに活用されている。「生ごみ」や牛や豚などの「家畜排せつ物」からは、バイオガスを発生させて燃料として、電気や熱に利用でき、**バイオマス発電**が再生可能エネルギーの一つとして注目されている。

　バイオマスを液体の輸送用の**バイオ燃料**にして使う方策も注目され、実用化されている（図9.3）。これには、糖分やでんぷん質の多い植物をアルコール発酵させて得られる**バイオエタノール**と、植物性油脂に簡単な化学処理を施して軽油に似た燃料として得られる**バイオディーゼル**がある。バイオエタノールは米国とブラジルで、バイオディーゼルは欧州で生産や使用が進んでいる。バイオ燃料の問題点としては、食料や飼料として役立つものを原料として使う点と、収穫量を増やすために遺伝子組み換え作物が

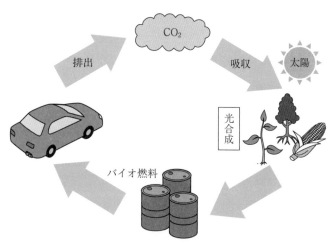

図9.3　バイオ燃料とカーボンニュートラル

増えると周辺の食用作物への影響が懸念されている。また、ブラジルでは
バイオエタノール生産用のサトウキビ畑の拡大、インドネシアではバイオ
ディーゼルの原料用のヤシ畑の拡大などによって森林伐採に拍車がかかっ
ている。

（3）　CO_2 の地下・海底への封じ込め（CCS）

8.5 で述べたように CO_2 の特性を利用する方法である。工場や発電所な
どから大量に発生する CO_2 を大気放散する前に高純度で回収し、石炭層
や油田等の地下 1000 m 以上の深さの帯水層や水深 1000〜3000 m 以上の
海底に液体で貯留しようとするものである（図 8.10）。この二酸化炭素の
回収・貯留システムは、**CCS**（Carbon dioxide Capture and Storage）と
呼ばれ、既にノルウェーでは、1996 年から天然ガス中の CO_2 を分離して
海底に貯留する CCS プロジェクトが始まった。また、カナダでは 2000 年
から地下に、米国では 2013 年から地下に、そのほかブラジルでは 2013 年
から海底への CCS が行われている。日本では、2016 年 4 月から苫小牧沖で、
海底下約 1,000 m の地層へ CO_2 を圧入する実証試験が行われている。深
海では CO_2 は水と結合してシャーベット状の固形物（ハイドレート）に
なり、地下の帯水層では超臨界流体（8 章コラム「超臨界流体」）として
貯蔵される。国連の IPCC は最近、工場などから排出される CO_2 を地下
や海底に貯留すれば、地球温暖化対策に大きく貢献するとの報告書を発表
している。

（4）　省エネルギー

英国やフランスでは、省エネルギーの対策として、ネオンサインやエア
コン、自動販売機の設置を規制している。家電製品の待機電力を減らすこ
ともかなり効果があるとみられている。ドイツでは化学プラントで、プラ
ント同士をきめ細かくパイプラインで結び、ある工場の副産物や廃棄物を
別の工場の原料として利用し、廃熱は水蒸気に変えて他のプラントの熱源

や自家発電に使う「省エネ型のものづくり」の試みが行われている。

（5）　新エネルギーの開発

有望なものとして以下に述べる燃料電池、海洋温度差発電、太陽光発電、風力発電などがあげられる。

①　燃料電池

ガスや石油を触媒で水素に変え、電気化学的に酸化して直接、電力を得る装置であり、最終生成物は水になるためクリーンなエネルギー変換法である（図9.4）。既に工場やビルなどで使われる大型の装置のほか、家庭向けや燃料電池車の市販も進められている。しかし、現在は主に化石燃料から水素を取り出しており、その過程で多量のCO_2が出てしまうため、化石燃料を使わない水素の製造法の確立が課題である。

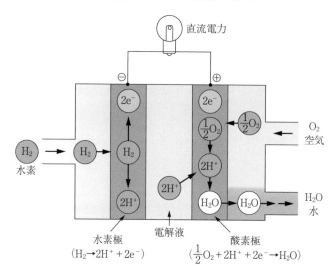

図9.4　燃料電池のしくみ

②　海洋温度差発電

海洋の沖合では高温の表面水と低温の深層水（1,000 m 以下）の温度差が約 20℃ あるということを利用して発電するものであり、わが国で開発

された技術である。原理はまず暖かい表層水で沸点の低いアンモニアを蒸気にしてタービンを回し発電を行う。そして冷たい水で蒸気を冷やし、再び液体のアンモニアにする（図9.5）。現在、インド洋上でかなり大規模な実証実験が進められているが、コストが低く CO_2 をほとんど出さない夢の技術として期待されている。

図9.5　海洋温度差発電のしくみ

③　太陽光発電

　太陽光エネルギーを、太陽電池を利用して電気に変える方式であり、近年は電池の性能が高まり安価になっているため、メガソーラー（1MW（メガワット）を超える大規模発電所）も世界中で設置が進んでいる。太陽光発電は、シリコン半導体に光が当たると電気が発生する現象を利用したもので、住宅向けに普及が進んでいる。特に最近はヨーロッパだけではなく、中国や台湾などの太陽光発電の導入が著しく、設備容量でみる日本の地位は低下している。一方、海外では、大規模設備が必要であるが夜間も発電できる、太陽熱を利用した「太陽熱発電」も行われている。

④　風力発電

　日本では太陽光発電と並ぶ、新しい再生可能エネルギーとして期待されている。風の運動エネルギーの約40%を電気エネルギーに変換でき、効率性には優れているが、海外（ドイツやデンマークなど）に比べると日本の風力発電量はまだごくわずかである。

　日本は諸外国に比べて平地が少なく地形も複雑なため、適地が少なく、また景観への影響や騒音などの問題も指摘されている。そこで検討されているのが洋上風力発電であり、ヨーロッパではその有効性が確認され、普及が拡大している。

⑤　地熱発電

　火山近くの高温の地下水の蒸気でタービンを回して発電する方式であり、太陽光や風力と違い天候に左右されない（図9.6）。火山が多い日本の地熱資源量は世界で3位の約2300万 kW であるが、現在、国内17か所で稼働、発電容量54万 kW で国内全体の約0.2%にすぎない。開発コストが数百億

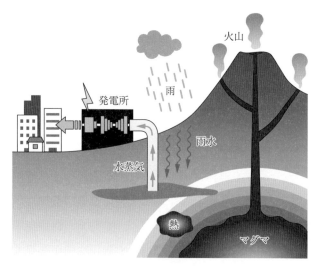

図9.6　地熱発電のしくみ

円程度かかり、国立・国定公園内に多くある適地での開発が規制されてきたことなどが原因である。

⑥　中小規模水力

中小河川や農業用水路などの水流を活用しておこなう小規模な水力発電である。個々の発電量は少ないが、大規模なダムによる水力発電施設に比べ、設置が容易である。

⑦　コージェネレーションシステム

最近では、ガス、石油などの１つのエネルギー源から電気、熱などの複数のエネルギーを取り出して供給する**コージェネレーション**（熱電供給）**システム**が注目されている（図9.7）。このシステムは、エネルギーを必要とするその場所でエネルギーを製造するというオンサイトシステムである。そのため送電など、エネルギー輸送に伴うロスがなく、また従来の発電方式では廃棄していた排熱を回収し、有効に利用することができる。都市ガ

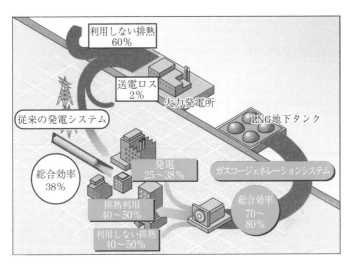

図9.7　従来の発電システムとコージェネレーションシステム
（環境白書、平成９年版より）

スを燃料とするコージェネレーションシステムでは、ガスエンジンやガスタービンによって発電機を動かし、電気をつくると同時に排熱（排ガスや冷却水からの熱）を回収し、プロセスや空調に利用する。これにより従来型の発電システムでは38%程度の総合効率であったものが、1次エネルギー[1]の70%～80%が有効利用され、一部で実用化されている。

⑧　スマートグリッド

　太陽光や風力などの再生可能エネルギーは、その発電量が天候に左右され不安定であり、情報技術を積極的に用いて、電力送電網インフラの高機能化を図る**スマートグリッド**（次世代送電網）の実用化が進められている（図9.8）。このシステムでは、スマートメーターなどを通じて電力会社は各家庭や企業などから情報を得ることで、より効率的な電力供給を行うことができる。また、再生可能エネルギーの普及促進のため、2012年から「再生可能エネルギーの固定価格買取制度」が導入された。これは、再生

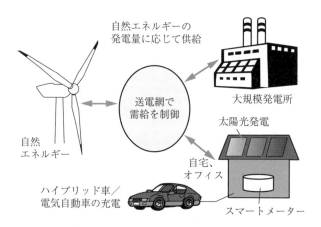

図9.8　スマートグリッドのしくみ

---

1) 1次エネルギー：石油、石炭、原子力などのように加工していないエネルギー資源のことである。最終的に生活に使うエネルギーの形、電気、都市ガス、ガソリンなどを2次エネルギーという。

可能エネルギーによる電気の買取を電力会社に義務付け、買取の費用は電気使用者が負担するしくみになっている。

さらに詳しく ＊下記項目の詳しい解説は、『新・地球環境百科』各ページを参照。

スターン報告　88 / 地球温暖化の影響　79 / 西ナイル熱　81 /
地球シミュレータ　81 / サンゴの白化　69 / 排出量取引　83 /
キャップ・アンド・トレード　84 / クリーン開発メカニズム　85 /
環境税　85 / IPCC　87 / EPR　90 / CO_2排出係数　91 /
カーボン・オフセット　109 / パーク＆ライド　111 / ヒートポンプ　111 /
サマータイム　110 / トップランナー方式　111 / EuP指令　114

演習問題

9.1　デンマークの温暖化に対する取り組みについて、どのように経済成長と炭酸ガスの排出量の削減を両立できたか、調べて所見を述べよ。

9.2　日本と諸外国の炭素税の導入状況と制度の概要を調べてみよ。

9.3　地球温暖化の人間生活におよぼす影響について、本書で取り上げたもの以外にどのようなことが考えられるか述べよ。

9.4　蚊がウィルスを媒介して感染、発症すると脳炎を起こし死に至ることもある西ナイル熱が1999年から米国で発生している。その実態について調べてみよ。

9.5　太陽光発電と風力発電について、日本と外国との導入量を比較してみよ。

9.6　いろいろなエネルギー（水力、火力、原子力、太陽光、風力、波力、地熱、水素、バイオマスなど）の長所、短所を表のかたちでまとめてみよ。

9.7　コージェネレーションが実際に行われている地域とその内容を調べてみよ。

9.8　カーボン・フットプリント（炭素の足跡）は、どのような概念であるか述べよ。

IO 森林破壊と生物多様性

　世界人口の急増に伴い、森林破壊が急速に進み、そのため生物種が激減している。国連食糧農業機関 (FAO) の統計によると、1990 年〜2020 年の間に世界全体で 178 万 km² の森林が失われ、この面積は日本の国土面積の約 4.7 倍に相当する。森林は温室効果ガスの増加を防ぐという重要な機能を持ち、また、水分蒸発量の調整源として、さらに多くの生物種の多様性を維持するという大切な役割も果たしている。

10.1　減少する世界の森林

　世界の森林面積は、FAO の報告書 (Global Forest Resources Assessment 2020) によると、2020 年時点で 4,060 万 km² で、世界の陸地（南極を除く）のおよそ 1/3（31%）を占めている。8 千年前には 6,200 万 km²（全陸地の半分）を占めていたと推測され、砂漠が広がる中東もかつては深い森林に覆われていた。環境考古学の研究によると、紀元前 5 千年前にはレバノン杉の森林が、現在のイスラエルからシリア、さらにトルコに至る広大な地域に及んでいた。しかし、現在、古くからのレバノン杉はレバノン山脈の北部、カディーシャ渓谷（ユネスコ世界文化遺産）にわずか 1,200 本余りまとまって残っているにすぎない。

　森林の消失するペースは 90 年代は年 7.8 万 km² であったが、2010 年代

には年 4.7 万 km² と鈍化傾向にある。2010 年の世界の森林面積の分布を
図 10.1 に、2000 年から 2010 年の森林面積の増減を地域別に示したものを
図 10.2 に示す。森林面積は 2010 年まで、植林によってヨーロッパやアジ
アなどで森林が増加したが、全世界で南米やアフリカ、東南アジアなどの

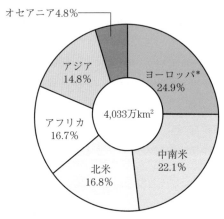

図 10.1　世界の森林面積の割合（2010 年）
（FAO「Global Forest Resources Assessment 2010」より）
（＊　ヨーロッパの森林の約 80%をロシアが占めている）

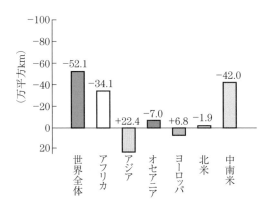

図 10.2　2000 年から 2010 年の世界の森林面積の増減
（FAO「Global Forest Resources Assessment 2010」より）

熱帯林を中心に 52.1 万 km^2 の森林が失われた。特に中南米とアフリカで
の森林の減少幅が圧倒的に多い。2020 年における国別でみた世界の森林
の半分以上（約54%）が、ロシア（20%）、ブラジル（12%）。カナダ（9%）、
米国（8%）、中国（5%）の五か国に集中している。森林の種別では、熱
帯林が最大の割合を占め（45%）、寒帯森林、温帯林、亜熱帯林の順で続
いている。また、森林の 18% は国立公園などの保護区となっている。

　熱帯林消失のおもな原因は、次のようなものである。

・地元住民の燃料とするための薪の採取などによる

・焼畑による

・輸出用木材の商業的伐採[1]による

2000〜10 年には、熱帯雨林の消費の約 40% が牧場や大豆畑など商業目
的の大規模な農業開発によるもので、約33% は地元住民による開墾であっ
た。その他、鉱石の採掘や水力ダムの開発などがある。2015 年にはアフ
リカや南米などにおいて当時の総森林面積の 4% 相当が山火事による影響
を受け、また、温帯・寒帯地域において、病害虫や異常気象が森林に影響
を与えた。

　地域により森林消失の原因の違いがみられ、ラテンアメリカでは、焼畑
と放牧地への転換、アフリカでは薪の採取、東南アジアでは、焼畑と農地
転換が主な原因である。またブラジルやインドネシアでは、大規模な森林
火災によっても、森林が大幅に失われている。この背景には、途上国の人
口爆発と貧困、貿易の増加、対外債務などの社会経済的な問題があり、こ
の 50 年間で熱帯林は半分以下に減少した。熱帯林の減少を防ぐため、国
際熱帯林木材機関（ITTO）や国連環境開発会議（UNCED）などが、生
態系の維持や森林の管理・保全を目的としたプロジェクトや声明を発表し

1）国際森林研究機関連合によると、2014 年に違法伐採による木材の取引総額は世界で 63 億
　　ドルに達し、そのうち約 5 割が中国に流入していると指摘している。

ている。また、世界各国の企業や NGO、市民団体などが植林活動を行っている。

　一方、シベリア針葉樹林（タイガと呼ばれる）での消失は、この 40 年間で全世界の森林消失のおよそ半分にも達している。この地域では、資源開発のため、人々が森林地帯に進出し、その活動の過程で森林火災が多発している。この森林火災の 80％ は人為によるものとされている。これに対し先進国では森林面積は現状維持か植林などで増加傾向にあるが、酸性雨による被害が深刻化している。

10.2　森林破壊の影響

　森林は生物の多様性を育み、人間にとっても燃料や木材として利用できる他、きのこ、ゴムや漆、薬用植物の供給源として経済的な価値がある。森林破壊による主な影響として次のようなものがあげられる。

①　野生生物種の減少

　現在、地球上には少なくとも 150 万種もの生物が知られ、熱帯林には未知の生物がその何倍も生息しているといわれる。しかし、急激な森林破壊によって、毎年数千種類もの生物が絶滅していると推定されている。その中には将来、食料や医薬品として利用できる遺伝子資源として有用なものが含まれており、その消滅による損失の大きさは計り知れない。特に熱帯雨林の伐採が続くインドネシアとブラジルでは、多数の生物が絶滅の危機に瀕している。

②　CO_2 の吸収量の減少と山焼きや焼畑農業による CO_2 放出

　農地などに転用するため、森林を焼き払うと、多量の CO_2 を大気中に放出することになる。さらに、森林が減少すると植物の光合成による CO_2 の吸収量が減少する。

③　食料、燃料の減少

　特に熱帯地方の森林は、人々の大切な食料・燃料の供給源であるが、その直接的利用ができなくなることであり、それに依存した住民の生活が成り立たなくなる。

④　水源の涵養機能の消失と気候への影響

　水源涵養とは、河川の流量を調節して渇水しないようにすることであり、一種のダムの機能を果たしていることである。この機能がなくなると、土壌の保水力が低下し、土壌の流出が進むことになる。森林が伐採などで少なくなると蒸発散する水分量が減り、雲が少なくなることで降雨が減少し、その一帯は乾燥化が進み、最終的には砂漠化が進行することになる。

⑤　人と生物の接触の機会の増加

　森林破壊によって住処を失った野生生物が餌を求めて人家に近づいたり、希少種を食料や漢方として利用することで、人と動物や未知のウイルスなどが接触することになり、「人獣共通感染症」が生じる可能性が高くなることが危惧されている。

ブッシュミートビジネス

　コンゴのようなアフリカの東部や南部などでは、ゴリラやチンパンジーなどの野生動物が、貴重なタンパク源でブッシュミート（野生動物の肉）として食べられている。個人で食べる量の狩猟は許可されているが、狩猟ができない都市部の人も、ハンティングされた肉を購入しており、国立公園などでも密猟が絶えない。木材伐採用の道路が森林奥地まで延びると、野生動物を求めて密猟者が森林の奥地深くまで入り込み、伐採された木材とともにブッシュミートが都市へ運搬されてしまう結果となり、取り締まりがなかなか追いつかないのが現状である。現在、このような熱帯のジャングルで自然保護と森林利用の両立の道が模索されている。

10.3　森林の保全

（1）　アマゾン

　全世界の熱帯雨林の30％を占める熱帯アマゾンは、CO_2 を取り込み O_2 を作り出す「地球の肺」といわれ、地球環境保全上きわめて重要な役割を果たしてきた。1960年代にブラジルでは、農民のアマゾンへの入植を積極的に勧め、原生林を伐採して全長5,500 km に及ぶ開発用のアマゾンハイウェーを建設してきた。入植者は、農地を開くために伐採を繰り返し、地味がなくなった土地は野焼され牧場として開発された。このようにして、熱帯雨林は道路沿いから次第に消失していった。

　1992年、リオデジャネイロで開催された国連環境開発会議（UNCED、地球サミット）では、「森林原則声明」が採択され、温暖化抑制と種の多様性保存の2つの側面から、積極的な森林保全の重要性が指摘された。現在、政府による森林保全監視活動が行われているが、依然として伐採や不法な焼畑が続けられ、大規模な山火事も頻発している。90年代後半に一時落ち着いていたアマゾンの森林破壊は、最近では、年間2～2.5万 km^2 の高水準で進んでいる。これは、輸出やバイオディーゼル燃料向けの大豆栽培など新規の経済開発が森林破壊を加速しているからである。

　アマゾンの熱帯雨林には、約8万種の植物と約3,000万種の動物が生息していると推定されている。しかし、大規模な森林の破壊によって、種の多様性が失われてきており、CO_2 吸収機能の維持・保全のためにも、総合的な森林保全策が必要である。また、世界各国は、アマゾンの密林が、食料、衣料やがん、エイズ、マラリア、心臓病などに効く医薬品開発の原料となる可能性のある物質の宝庫として注目している。このような観点から利用される生物のことを**生物資源**（遺伝資源）という。現在の薬の約25％は天然由来の動植物から抽出された物質から開発されており、世界の

植物の約20%がアマゾンに存在するとみられている。

（2） シベリア

シベリアタイガは、地球の全森林面積の約14%を占めている。この地域の年間降水量は200～300 mmときわめて少なく、また平均気温が−10℃と寒冷であるため、本来、豊かな森林は成立せず、砂漠に近い環境である。しかし、植生のすぐ下に**永久凍土**[1]があり、その凍土層の上部では、夏に1 mほど凍土が溶ける。その下方には水を通さない凍土層が存在するため、わずかな降水は保持されることになり、これを樹木が吸収して森林が成立していると考えられている。すなわち、タイガと永久凍土は互いに共生の関係にあるが、森林火災や伐採によってタイガが消失すると、永久凍土の融解が起こる。融解した後は、陥没して水がたまった湖沼となる。やがて、水が干上がった跡（アラス）は、表面に塩類が集積し、植生が復活することはなくなる。さらに、永久凍土が溶けるとそこに封じ込められていたメタンガス（CO_2の23倍の温室効果）が発生することになる。

このように、シベリアタイガは、きわめて特殊な森であり、森林火災や伐採が原因で、森林から草原への変化が急速に進行している。タイガの保全のため、長期的な影響を考慮して対策をたてることが必要になっている。

（3） インドネシアの熱帯林

インドネシアの赤道直下に位置するスマトラ島とボルネオ島（インドネシア名：カリマンタン島）には、かつて広大な熱帯林が広がっていた。しかし、1970年以降、輸出用木材のための伐採などによって、インドネシアの未開拓林（原生林）の70%が既に失われた。特に森林の減少面積は、98年のスハルト政権崩壊以降に拡大した。そのおもな要因は、政治的な

---

1) 永久凍土：高緯度地域や高山帯で、夏でも温度が0℃以下で、2年以上にわたって凍結している土壌のこと。カナダや米アラスカ州、シベリアなどに分布し、厚さは数mから数百mになる場所もある。日本では富士山と北海道の大雪山で発見されているが、富士山では温暖化による永久凍土層の融解が進んでいる。

混乱によって、政府が認可していない違法伐採が急増したことが挙げられる。その背景には、認可された木材はほとんどが輸出にまわされ、国内需要分を違法伐採で賄っているという事情がある（木材の全生産量のうち約8割が違法伐採によるものと推計されている）。2000年には、スマトラ島で熱帯林の面積が40年前のほぼ半分に減り、熱帯林が消失するおそれがあると危惧されている。ボルネオ島の森林もこのままの森林の減少が続けば、壊滅的な状態になると予測されている。

　スマトラ島やボルネオ島の森林には、スマトラゾウや、スマトラトラ、オランウータン、マレーグマなど絶滅が危惧されている哺乳動物が数多く生息しているほか、数多くの先住民や地域住民が森林の恵みに依存した伝統的な生活を送っている。インドネシアでは、周期的に訪れる異常乾季に伴って大規模森林火災が発生してきたが、特に1997〜98年にかけてスマトラ島とボルネオ島で、国際援助機関などの推計では数百万haにのぼる森林が焼失し、野生生物などへも重大な影響を及ぼしたとされる。この大規模な森林火災の原因としては、エルニーニョ現象による異常乾季に加え、アブラヤシなどのプランテーションの造成や産業造林などのための火入れが原因ともいわれている。インドネシアでは、1967年に10.5万haだったアブラヤシの栽培面積が、2002年に410万haと約35年間に約40倍に膨れ上がった。アブラヤシは、その実から油を絞るために植えられるが、そのために広大な面積の熱帯林が「皆伐」されてしまい、野生動物の姿もほとんど見ることができなくなっている。

　スマトラ島では、パーム油の原料となるアブラヤシの農園の面積がこの10年間で2.7倍に広がった。経済発展による油の需要増に加え、パーム油からのバイオディーゼルの需要増と共にヤシ農園の開拓のため熱帯林の伐採に拍車がかかっている。熱帯林は、ヤシ農園より多くのCO_2を吸収するとされているが、伐採によりCO_2の固定量が減り、これに加えて森林

を焼き払うとき、大量の CO_2 が発生する。さらに、森林が失われたことにより、これまで土壌に蓄えられていたメタンなどの大量の温室効果ガスが大気中に発生してしまうと予測されている。したがって、こういった環境の負荷が大きくなると、バイオ燃料の本来の目的に逆行して、地球温暖化をかえって促進する恐れがあると危惧されている。

10.4　生態系と生物多様性

（1）　生物系のしくみ

　ある一定の地域に生息する全ての生物と、そのまわりの環境（大気、水、土壌、光、熱など）を1つのまとまりとしてみたとき、これを**生態系**（ecosystem）という。図10.3にある小さな生態系を例にとり、そのしくみを模式的に示す。一般に、このような系においては、生物の種の組み合わせ

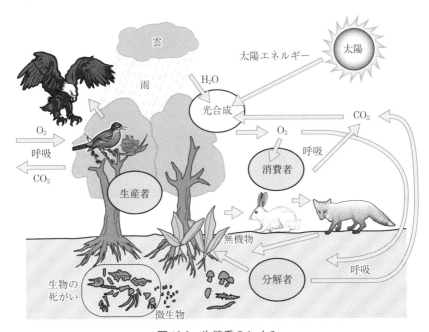

図10.3　生態系のしくみ

は、食物連鎖により相互に密接な関係があり、図のように生物は生産者、消費者、分解者に分類できる。**生産者**は、緑色植物や植物性プランクトンなどであり、無機物（水と CO_2）から太陽エネルギーによって光合成により有機物を生産する。人間も含め、全ての動物は、植物の生産した有機物や、他の生物を栄養源として摂取するため、**消費者**という。一方、生産者や消費者の遺骸や排出物は、微生物（菌類や細菌類など）の働きによって、CO_2、水、窒素、アンモニアなどの無機物に分解されるが、この重要な働きをする生物を**分解者**という。

（2）　生物多様性

　地球上には人を含む哺乳類のほか、鳥、昆虫、魚、植物、微生物など多様な生物が存在している。「食べる、食べられる」の関係だけではなく、互いに利益を授受して共生関係にあるものもある。さまざまな種がつながって豊かな生態系が保たれている。このような種や生態系の多様さを**生物多様性**（biodiversity）という。1992 年の地球サミットで締結された「生物多様性条約」では、地球上のあらゆる生物を生態系、種、遺伝子の 3 つのレベルでとらえている。

①　生態系の多様性

　地球には、高山、ツンドラ、亜寒帯林、草原、熱帯林、サバンナ、砂漠などの環境に応じたさまざまな生態系が存在している。それぞれの生態系には、その地域の気候、土壌などの環境条件に応じた多様な生物種が生息している。さらに、原生的な自然や 2 次的な自然[1] など、人為的な影響の度合いによっても異なるタイプの生態系が存在し、さまざまな生物相が成立している。生態系の多様性は、種の多様性を生み出す源であり、生物多様性を守るためには、多様な生態系を保全していくことが重要である。

---

1) 2 次的な自然：田畑、里地・里山、人工林、都市公園の樹林など、人間の生命活動の結果
　生じたもの。

② 種の多様性

種とは、生物を分類する場合の最も基本的な単位である。形態の特徴や繁殖上の独立性、地理的な分布などを考慮して決められている。3,000万種ともいわれる多様な生物が存在している理由は、地球上に生命が誕生して以来、40億年もの間の環境の変化や、生物同士の生存競争の中で行われてきた進化の結果である。

③ 遺伝子の多様性

同じ種でも生息している地域によって、個体の形態や行動などの特徴が少しずつ違うことが多い。この差は、お互いの間で繁殖が行われない集団の間でみられる。水系ごとに隔離されている淡水魚や高山の昆虫類などはその代表である。同じ種内で多様性をもつことは、環境の変化などに対抗できる力となるほか、新しい種へ進化していく可能性にもつながる。

（3） 生態系サービス

生態系や生物多様性から私たちはさまざまな恩恵を受けているが、それ

名古屋議定書

今日、特に先進国の企業や大学は、動植物や微生物に由来する遺伝資源（生物資源）を利用して、医薬品や食品などの研究開発を行っている。その遺伝資源のほとんどは先進国が開発途上国の森林などに自由に入り込んで採取されたものであり、その遺伝資源保有国には先進国は何の対価も払わずに国外に持ち出してきた。製品化できない遺伝資源保有国と製品化して利益を得ている先進国で利害関係の対立が起こり、両者相互の利益を目指して結ばれたのが、2010年の名古屋議定書（2014年発効）である。この議定書によって、遺伝資源がもたらす利益を交際的に公平に分配することが合意された。日本は、2017年に名古屋議定書を批准した。この会議では、2020年までの達成を目指す20項目の「愛知目標」が定められ、「自然と共生する世界」を50年に実現することを目指している。

を**生態系サービス**という。国連は 2001〜05 年に**ミレニアム生態系評価**を
実施し、生態系サービスを「供給サービス」、「調整サービス」、「文化的
サービス」、「基盤サービス」の4つに分類している（表 10.1）。それらは、
必ずしも経済的な価値の明確なものだけに限定されていない点に注意が必
要である。

表 10.1　4 つの生態系サービスとその例

供給サービス （衣食住の原材料）	淡水、繊維、燃料、食料、遺伝資源 生化学物質（医薬品）
調整サービス （快適・安全な暮らし）	気候の調節、水の調節、自然災害の防護、病気の制御、害虫の制御、花粉媒介、無毒化
文化的サービス （伝統・文化の発展、癒し）	精神的・宗教的価値、知識体系（伝統、慣習など）、文化的多様性、娯楽・エコツーリズム
基盤サービス （すべての生態系サービスの基盤）	水循環、土壌形成（昆虫や微生物が土をつくる）、光合成、栄養塩循環など

　生態系サービスと生物多様性との関係については、単一あるいは少数種
の作物から食料を効率的に得ることができるように、供給サービスなどは
必ずしも生物の多様性と直接的な関係がないようにみえる場合もある。し
かし、生物多様性が豊かであるほど生態系サービスが向上するという場合
も多くみられ、その源となる生物多様性の保全が重要である。
　ミレニウム生態系評価によると、海洋の魚種の 1/4 が乱獲で枯渇するな
ど、人類の 50 年以上にわたる改変により、生態系サービスの約 60％が「悪
化」または「持続不可能な状態で利用されている」と結論づけている。

（4）　生物多様性の保全

　近年、図 10.4 で示すように気候変動、大規模な開発による森林破壊、
大気や水質の環境汚染、魚介類の過剰利用、人の手が加えられることで多
様な自然が維持されてきた里地・里山の荒廃、外来生物など種々の要因に
よって、野生生物種の絶滅が過去にない速度で進んでいる。

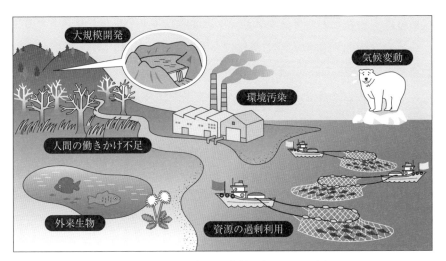

図 10.4　生物多様性の危機を招く要因の例

　生物多様性の保全に対する国際的な取り組みには、1971 年に採択された「ラムサール条約」（p.62）があり、日本は 1980 年に加入した。また、野生生物の国際的な保護には**ワシントン条約**（絶滅のおそれのある野生動植物の種の国際取引に関する条約）が 1973 年に採択、75 年に発効、日本は 1980 年に批准した。この条約によって、それまで商取引の対象となってきたさまざまな動植物が絶滅の危機から救われてきた。

　さらに、野生生物種の絶滅を防ぐため、1992 年に**生物多様性条約**が締結、1993 年に発効した。それまでの国際条約（ラムサール条約やワシントン条約など）と異なり、保護対象を特定の種や地域に限定せず、地球規模で生物全体の多様性を包括的に保全し、生物資源の持続可能な利用を行うことを目的としている。日本でも、2008 年、生物多様性の保全と持続可能な利用をバランスよく推進することを目的とした**生物多様性基本法**が成立、施行された。

　絶滅のおそれのある野生動植物種をリストアップし、その現状をまとめ

た報告書を**レッドデータブック**といい、そのリストを**レッドリスト**ともいう。表紙が赤色のためこの名が付けられている。1966年から国際自然保護連合（IUCN）によって刊行され、日本では1991年から環境庁（当時）が作成し始め、その後、各自治体や自然保護団体なども作成するようになった。

　現在、地球上には数千万種の生物がいると考えられているが、そのうち、IUCN 2020年版では、登録されたものは12万372種、うち3万2,441種を「絶滅危機種」と評価されている。このなかには、動物園で人気のある多くの動物も含まれている。日本の環境省の2020年の第4次レッドリスト改訂版では、絶滅のおそれのある種の総数は3,716種となっている（表10.2）。

表 10.2　環境省レッドリスト 2020 掲載種

分類	評価種数	絶滅危惧種数	絶滅*
哺乳類	160	34	7
鳥類	約 700	98	15
爬虫類	100	37	0
両生類	91	47	0
魚類	約 400	169	4
無脊椎動物	約 40,500	1,061	24
（動物合計）		1,446	50
植物	約 13,400	2,209	48
菌類	約 3,000	61	26
総計		3,716	124

*野生絶滅含む　出所：環境省レッドリスト 2020

　絶滅の危機にある野生生物について、保全、保護活動も盛んになってきている。飼育繁殖させた動物を、いなくなってしまった地域に戻す**再導入**

といわれる野生復帰の試みがある。1960〜70年代に欧米の動物園などで先駆的な試みが始まり、既に200を超える事例があるが、成功例は1割程度とされる。米国のイエローストーン国立公園では、オオカミがその地域で絶滅したため、カナダからオオカミを再導入した。その結果、オオカミの存在が、食物連鎖を通じて失われた植生の回復に役立つことがわかり、生態系全体の保全にも有効であることが確認されている。

　わが国では2005年秋、はじめて兵庫県豊岡市でコウノトリの再導入が行われ、5羽が自然放鳥され、2007年5月、国内の自然界では43年ぶりに幼鳥が誕生、2008年3月にも3羽の幼鳥が誕生して巣立つなど、現在、順調に計画が進んでいる。コウノトリは、明治以前までは日本各地でみられたが、乱獲などで激減し、野生での繁殖個体群は絶滅した。約50年前から人工繁殖計画が始まり、1990年代に入り、「再導入」に向けた取り組みが本格化した。現在、放鳥されたコウノトリは水田などを生息域にしており、減農薬栽培や自然のえさ（どじょうなど）の確保など、地域住民とコウノトリが共生できる環境づくりが進んでいる。

　トキ（新潟・佐渡）については、環境省は2008年9月末、試験的に10羽を新潟県佐渡市の「佐渡トキ保護センター野生復帰ステーション」周辺の水田地帯へ試験的に放し、こちらのケースも順調に野生復帰が進んでいる。トキは、江戸時代には日本のほぼ全域に生息していたが、明治以降、乱獲や環境悪化で激減し、1970年からは佐渡に残るだけとなった。2003年に最後の「キン」が死に日本産の野生種は絶滅した。その後、中国から贈られたつがいで人工繁殖に成功した。

　絶滅に追い込まれたコウノトリやトキは、再び大空に戻っただけではなく、人々の暮らしと共存している。さらに、コウノトリは千葉県野田市や福井県でも放鳥され、トキも石川県や新潟県長岡市、島根県出雲市で分散飼育が進められるなど、第2、第3の生息拠点を作るための準備も進んで

いる。

10.5　日本の生物多様性の現状

　わが国の国土は、南北3,000 km、高低差3,000 m以上と複雑な地形を有している。サンゴ礁やマングローブ林の茂る亜熱帯から、高層湿原や針葉樹林が発達する亜寒帯まで、幅広い気候帯が分布している。シダ植物と種子植物が約7,000種、脊椎動物1,000種以上のほか、昆虫類は数万種を超えると推定され、日本だけの固有種も多い。これは、同緯度のヨーロッパ諸国と比較してもきわめて多様な生物相に恵まれていることを示している。

レッドデータブック（Red Data Book）

　絶滅のおそれのある野生動植物種をリストアップし、その現状をまとめた報告書。表紙が赤色のためこの名が付けられている。1966年から国際自然保護連合（IUCN）によって刊行されている。日本では、動物については91年に環境庁（当時）から、植物については89年に日本自然保護協会と世界自然保護基金日本委員会などから刊行されている。

　絶滅のおそれの程度によって、種が絶滅、野生絶滅、絶滅危惧I類、同II類、準絶滅危惧の5つのカテゴリーに分けられている。絶滅危惧I類は、さらに絶滅の危険性がきわめて高いIA類と絶滅の危険性が高いIB類に分類され、IA類にリストアップされている日本の特別天然記念物および天然記念物に指定されているものを表10.2に示す。

表10.2　特別天然記念物・天然記念物に指定されている絶滅危惧IA類の動植物

ほ乳類	ツシマヤマネコ、ニホンカワウソ*
鳥類	コウノトリ*、カンムリワシ*、シマフクロウ、ノグチゲラ*、オオトラツグミ
魚類	ミヤコタナゴ、イタセンパラ
無脊椎動物	ヤンバルテナガコガネ*、ゴイシツバメシジミ*

＊特別天然記念物

　また、炭焼きなど人間の手がはいることによって維持されてきた雑木林や、ススキ草原などの２次的自然も多くの生物の保全に役立ってきた。

　以上のように広い気候帯と複雑な地形が基盤となり、原生的な自然と２次的な自然が入り組むことによって、多様な生態系と、多彩でユニークな生物相が形成されてきた。しかし、気候変動や環境汚染、野生生物の過剰利用のほか、次の２つの要因により生物多様性が、大きな危機に直面している。

①　大規模開発

　山岳地帯や島部での林道建設、森林伐採、ダム建設などの開発行為によって、生態系が破壊され、生物の生息環境が悪化してきた。また、都市部では大規模な住宅造成によって、里山、雑木林、水田などがなくなり、かつては身近にみられたメダカや秋の七草の１つであったフジバカマなどの動植物も絶滅の危機に瀕している。

　一方、人口減少社会になり、中山間地域や里地・里山においては、人間の働きかけの不足により人と自然が共生する環境が荒廃してきた。それにより、ニホンジカやイノシシ、タヌキなどの生息数や生息域が急速に拡大し、農林水産業などへの被害のほか、植生など生態系にも深刻な影響が生じている。また、公園や河川敷、緑道などが整備されて、山間部と都市部の緑地帯がつながるようになり、野生動物が都市部に進出しやすくなってきている。このようななかで、生態系を再生し自然と調和のとれた社会を築こうとする活動が世界的に広がってきた。日本では、2002 年に**自然再生推進法**が成立し、釧路湿原では流域の森林保全・再生や河川の再蛇行化が進められるなど、多くの自然再生事業が進行中である。

②　外来生物

　ペットや鑑賞用などのために国外や、国内のほかの地域から持ち込まれた動物（移入種）が、野生化して繁殖し、人に危害を加えたり、農作物に

被害をあたえる事例が増えている。さらに、在来種との交雑や、希少な日本固有の動植物が捕食され、生態系破壊の脅威が進んでいる。交通手段の発達により、船（荷物、貨物船やタンカーのバラスト水など）や飛行機の中などにまぎれて偶発的に生物が運ばれるケースもある。

たとえば琵琶湖をはじめ、日本の湖沼でフナやモロコなどの淡水魚の減少が深刻化している。その原因は湖沼の汚染による他、1970 年代から、北米を原産国とするブラックバス（オオクチバス、コクチバス）やブルーギル（図 10.5）などの魚食性の外来魚が、スポーツフィッシングのための放流などによって日本全土に広がり、在来魚を捕食していることによる。

ブラックバス（コクチバス）　　　ブルーギル
原産地：北アメリカ　　　　　　　原産地：北アメリカ
生息場所：水草地帯や障害物のある岸辺　生息場所：沿岸の水生植物帯

図 10.5　特定外来生物ブラックバスとブルーギル

国際的に重要な水鳥の楽園でラムサール条約にも登録されている宮城県の伊豆沼・内沼でもオオクチバスが急増し、タナゴ類やモツゴ類が壊滅的な打撃を受けている。これらのブラックバス類とブルーギルは、ほかの外来魚と比べ、素人でも簡単に移植放流でき、平野や丘陵地の典型的な水辺環境である水田で容易に野生化が可能であり、繁殖しやすい。また、肉食で小型の魚種を食べ尽くすため、在来魚種にとって大きな脅威である。

日本固有の生態系を守るためや、農業、人体の生命や健康などに被害を及ぼすおそれのある外来種をどのように管理すべきかの指針として、2005 年に**特定外来生物被害防止法**が施行された。この法は、問題を起こすおそ

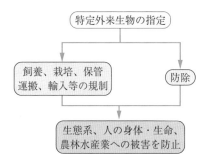

図10.6 外来生物法による規制のしくみ

れのあるブラックバスなどの外来種を「特定外来生物」に指定し、国の許可なく輸入や移動、飼育、栽培などをすることを禁止するものである。国や地方自治体は必要に応じて指定生物を野外で駆除する、また、飼育する場合などは国の許可が必要で、マイクロチップなどを付ける個体識別管理が義務付けられた。

鹿児島県の奄美大島には、国指定特別天然記念物のアマミノクロウサギをはじめ、固有の希少種が数多く生息している。しかし、1979年頃にハブを捕らえる天敵として移入された（**バイオコントロール**という）マングースが約5千〜1万頭に増え、アマミノクロウサギなどの希少種を捕食していることが判明した。2005年、「特定外来生物」にマングースが指定され、捕獲駆除が進められている。マングースの捕獲数は、環境省が本格的な駆除に乗り出した2000年度は約4千頭であったが、2007年度に千頭以下になり、2018年4月以降は0である。

さらに詳しく ＊下記項目の詳しい解説は、『新・地球環境百科』各ページを参照。

森林破壊　38 ／ 熱帯林　39 ／ アマゾン熱帯雨林　40 ／
インドネシアの熱帯林　41 ／ ブッシュミートビジネス　41 ／
シベリアタイガ　42 ／ 永久凍土　42 ／ 里山　42 ／ 生態系　54 ／
生態ピラミッド　55 ／ 生物多様性　55 ／ レッドデータブック　56 ／
ワシントン条約　57 ／ 再導入　57 ／ 外来魚対策　58 ／ 外来生物　59 ／
外来生物法　59 ／ ダーウィンの箱庭　60 ／ キュー王立植物園　60 ／
ナショナル・トラスト　61 ／ エコツーリズム　63

演 習 問 題

10.1　かつて身近にみられた動植物のなかで、ホタル、メダカ、フジバカマのように絶滅が危惧されているものには、どのようなものがあるか。

10.2　外来種が日本の生態系におよぼす影響について論じよ。

10.3　第二次世界大戦前、太平洋の島々でネズミが異常繁殖した。そこで、困った住民はネズミを退治するため、天敵であるオオトカゲを移入したが、期待した効果がほとんどなく、むしろオオトカゲが鶏などの家きんを襲う事態になってしまった。この「バイオコントロール」がうまくいかなかった理由を推定せよ。

10.4　森林消失により雨量が激減し、砂漠化が進行するメカニズムを水循環の観点から説明せよ。

10.5　**エルニーニョ現象**、ラニーニャ現象の仕組みについて調べ、このような異常気象と森林破壊および砂漠化との関連について考えてみよ。

10.6　小笠原諸島は、固有の植物が多い貴重な自然生態系であるが、近年、外来種によってどのような影響が出ているか。

10.7　アフリカ・タンザニア共和国の北部に広がる世界第3の広さの湖、ビクトリア湖は、多種多様な生物が生息し、その進化を観察できることから「ダーウィンの箱庭」と呼ばれてきた。しかし、1960年代に実験的に放された淡水魚ナイルパーチによって、現在、湖はどのような状況にあるか調べてみよ。

ⅠⅠ　循環型社会の構築

　大量生産、大量消費社会の進展とともに"ごみ"の排出量は増え続けてきた。しかし、ごみを埋め立てる処分場は用地確保が困難になり、さらにごみの内容の複雑化で、安易な処分が環境破壊を招くという深刻な状況を生む。わが国のごみ排出量はこの40年間で約4倍になり、ごみ処理のコストも急増している。このため、ごみやエネルギーを無駄にしない循環型社会の構築が課題である。

11.1　わが国の資源物質の流れ

　今日の大量生産・大量消費・大量廃棄の社会経済システムは、生産、流通、消費、廃棄等の各段階において、資源・エネルギーの採取、不用品の排出等の形で自然環境にその修復機能を超えた負荷を与えている。

　わが国の2017年の経済活動における物質フローは、図11.1のようになっている。自然界から採取された資源量13.5億 t を含め、15.9億 t の総物質投入量があり、その約30%の5.1億 t が蓄積純増（建物や会社インフラなどの形で蓄積）である。また1.8億 t が製品等の形で輸出され、5.1億 t がエネルギー消費と工業プロセスで排出され、5.5億 t の廃棄物等が発生している。蓄積純増分は、耐用年数が過ぎればそのほとんどが廃棄物になり、この分を再び資源として利用するフローの確立が急務である。したがって、循環利用されるのは、2.4億 t と総物質投入量の約15%にすぎ

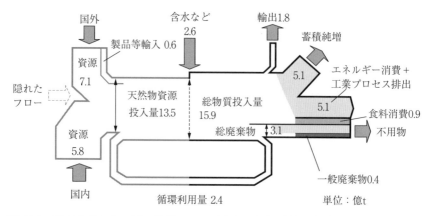

図11.1　2017年度のわが国の物質フロー（令和2年版環境白書（環境省）より作成）

ない。この循環利用率は、2000年度の9.97％より大幅に増加しているが、2010年以降横ばい状態となっている。

　資源として使用されたものの他に、建設工事に伴い採掘された土、鉱物採取の際の捨石・不用鉱物、耕作地等から浸食された土壌、また、輸入資源の生産に際し発生した捨石・不用鉱物、浸食された土壌、間接伐採された木材などの"隠れたフロー"がある。日本では資源採取量（国内＋国外）の2倍程度の隠れたフローが生じていると推計されている。したがって、日本経済は国外での"隠れたフロー"に大きく依存して成立していることになる。この他に年間生活用・工業・農業用水あわせて約890億tの水を利用しているが、さらに年間約800億tの水をバーチャルウォーター（3章参照）として世界中から間接的に輸入している。建物や社会インフラなどの形での物質貯留量は増加の一途を辿っており、まだ、定常状態には達していないため、流入量と比較して放出量は少ない。しかし、それでも廃棄物の始末に困り、不法投棄があとをたたず、さらにごみの海外輸出などさまざまな社会問題を引き起こしている。

　図11.2は2013年におけるOECD加盟34カ国の一般廃棄物処理のデー

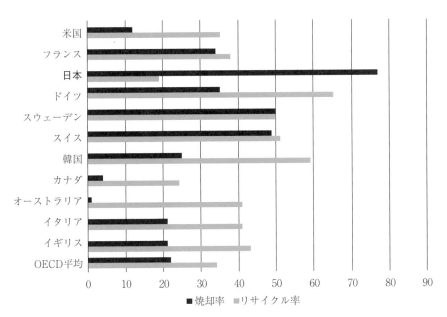

図 11.2 日本とおもな OECD 加盟国のリサイクル率と焼却率（2013 年）
（「Environment at a Glance 2015 OECD INDICATORS」から作成）

タである。リサイクル率の算出は国によって違いがあるが、ドイツはリサ
イクル率 65％と最高であり、OECD 加盟国の平均 34％に対し、日本はわ
ずか 19％と 34 カ国の中でワースト 6 位である。

　また、同図には OECD のおもな国との一般廃棄物の焼却率（2013 年）
の比較も示してある。EU 諸国ではリサイクル率が高く、焼却率は 40％以
下（ドイツ 35％、フランス 31％、英国 21％など）である。日本では、ご
みの分別や容器包装リサイクル法の施行などによって、リサイクル率は
年々増加しているが、焼却率が他の国に比べて突出して高いことが分かる。
1965 年頃ごみの日本における処理方法は、直接埋め立てと焼却がほぼ同
じ割合であったが、現在では全体の約 78％が焼却処理されるようになっ
ている。焼却はごみの容積を減らし、殺菌するなどの利点があるが、ビ
ニール、プラスチックなどの合成化学物質の焼却から有害物質が生まれる

危険性がある。

11.2　日本の廃棄物処理の現状

　ごみは「廃棄物の処理及び清掃に関する法律」により、図 11.3 に示すように**一般廃棄物**と廃棄物処理法で規定された 20 種類の**産業廃棄物**に分けられる。一般廃棄物は、ごみとし尿に分けられ、オフィスや商店などの事業系のごみは一般廃棄物に分類される。家庭からのごみは一般廃棄物の約 70% を占めている。一般廃棄物の収集・運搬は、おもに市町村の責任で行われ、産業廃棄物の処理は、事業者自身で行う必要がある。

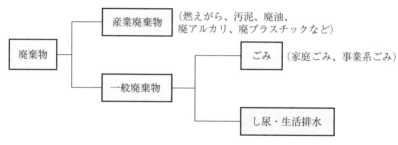

図 11.3　廃棄物の分類

　一般廃棄物の排出量は、図 11.4 に示すように 1963 年に 1,315 万 t だったが、人口の増加と生活レベルの向上によって、2000 年に 5,209 万 t と、約 4.0 倍になった。2000 年から 2010 年にかけて、分別回収の普及や各種リサイクル法の施行などによって、一般廃棄物量の減量化が大きく進んだが、2010 年頃から排出量はほぼ横ばいから、緩やかに減少気味になっている。2018 年における一般廃棄物の総排出量は 4,272 万 t であり、1 人 1 日あたりのごみの排出量は 918 g である。OECD 加盟国では 1 人 1 日あたりのごみの排出量は 800〜2050 g（2013 年）であり、日本はその中では平均（1,400 g）よりかなり低い水準にある。

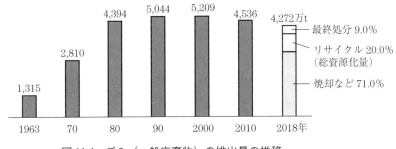

図 11.4　ごみ（一般廃棄物）の排出量の推移
（令和2年版環境白書（環境省）より作成）

　家庭ごみを減らすためには、「ごみ処理有料化」といった経済的手法の活用が有効である。有料化の利点は、ごみの排出が処理コストを発生させること、そのコストと負担がごみ量によって変わることを住民に伝達し、ごみ減量へのインセンティブを促すことができる点にある。現在、国内の自治体の0%程度が家庭系ごみの有料化を行っているとされ、具体的には有料の指定ごみ袋を指定し、また粗大ごみについては別に料金を徴収するスタイルが一般的である。大量の廃棄物源となっていたレジ袋（年間300億枚、30万t）については、2020年7月からスーパーやコンビニエンスストアなどすべての小売店を対象に、**レジ袋有料化**を義務付ける制度が開始された。

　ごみ処理有料化は、ごみ排出量の減量化に有効な手段であると評価する見方が一般的である。しかし、ごみとして出されていた紙類やペットボトルなどがリサイクルにまわされ、有料化直後には減量化効果が認められるものの、その後は経済的な負担に慣れ、次第にごみの排出量が元に戻り（リバウンド現象）、持続的な効果が期待できないという見方もある。青梅市は1998年10月より、ごみ収集の有料化後、一時減ったごみの量（1998年度866g/人・日、1999年度774g/人・日）が、また増加したことがある（2003年度880g/人・日）。日野市では2000年10月のごみの有料化後

に半減したごみの量が、その後少しずつ増加した。このような事例から、有料化に当たっては、実際に減量効果が得られるような料金設定と徴収方法、有料化の目的や効果、コスト分析などを十分に検討した上で、実施することが重要である。

　一般廃棄物の内容は、ごみの収集・分別方法が各自治体により異なるが、1994 年度の京都市の調査では、重量比では生ごみが約 42%、紙類が約 30%、プラスチック 12% の順であり、容積比では紙類が約 40%、プラスチック 38%、生ごみ 10% の順になっている。プラスチック類のごみが増加し、ごみ全体の発熱量は昭和 40 年代の 2 倍になり、発熱量の急増は、焼却効率の低下や炉の寿命を縮めるなどの問題をまねく。

　ごみは、悪臭の発生源であり、ネズミやハエ等の繁殖を招き、さらに貴重な空間を占有し、人に不便さ、美観の損失や不快感を与えるため、公衆衛生の向上や生活環境の保全のため、ごみの処理が必要となる。ごみ処理のフローを図 11.5 に示した。中間処理とは、ごみの減量化、安定化、資源化のための焼却、破砕、選別（リサイクル）などの操作であり、最終処分は最終的に環境中に排出するものである。

　ごみの処理方法をみると、1965 年頃は、直接埋め立てと焼却がほぼ同じ割合であったが、2016 年度では全体の約 76% が焼却処理されるようになった（図 11.4）。焼却はごみの容積を減らし、殺菌するなどの利点があ

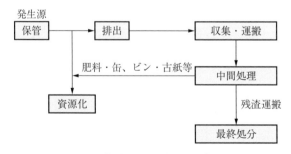

図 11.5　ごみ処理の一般的なプロセス

るが、ビニール、プラスチックなどの合成化学物質の焼却からダイオキシンなどの有害物質が生まれる危険性がある。日本において、OECD 諸国などに比べて焼却処理が多い一番の理由は、ごみを埋め立てる場所が不足しているからである。一般廃棄物の 2016 年度における最終処分量は、398万 t（1 人 1 日あたり 85 g）、最終処分場の残余年数は全国平均で 20.5 年である。

　産業廃棄物は、ビルの建設工事や工場で製品を生産する等の事業活動にともなって生じた廃棄物で、その排出量の推移を図 11.6 に示す。近年、産業廃棄物の排出量は 4 億 t 前後で推移しており、一般廃棄物の排出量の約 9 倍である。2015 年度の総排出量は 3.91 億 t、そのうち 53％の 2.08 億 tが資源となって再生利用された。おもな産業廃棄物は、約 45％が汚泥、次いで動物のふん尿（約 20％）、建設廃材のがれき類（約 15％）である。産業廃棄物の中には、爆発性や毒性、感染性などの被害を生ずるおそれの

1964 年東京オリンピックの裏側で

　今では世界中から称賛されるごみの少ない東京であるが、1964 年のオリンピック前の東京は、川や道端、空き地などに家庭ごみが大量に捨てられゴミだらけの街であった。この事態を引き起こしたのは、ごみの収集が不定期であり、また通りに備え付けたごみ箱もあったが、ごみが入りきらずにあふれていたからであった。そのため、出し損ねた家庭ごみが公共の場所にポイ捨てされていた。そこで、東京都が導入したのが、現代のような「定時収集方式」であり、決められた日時にごみ収集車がまわってくるシステムであった。また、このとき軽くて持ち運びやすい“ポリエチレン製ポリバケツ”が導入され、効率よく家庭ごみが収集されるようになり、ポイ捨ては減少し、人々の意識も変わった。1963 年、東京都は「首都美化はオリンピックの一種目“のスローガンを掲げ、オリンピックまでに首都美化の総仕上げを行った。

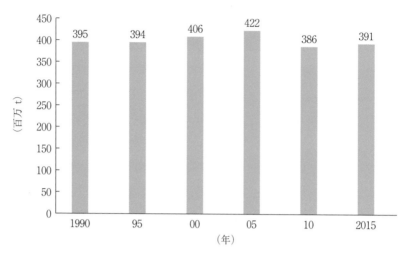

図 11.6　産業廃棄物の排出量の推移（平成 30 年度版環境白書・循環型社会
白書・生物多様性白書のデータより作成）

ある種類があり、それらは特別管理産業廃棄物として、通常とは異なる厳
しい規制の対象となっている。

　産業廃棄物の 2015 年度における最終処分量は 1,009 万 t であり、最終
処分場の残余年数は 16.6 年である。また、2015 年度に新たに判明した不
法投棄量は、1.9 万 t であった。

11.3　ごみ焼却処理

　国内の清掃工場などの焼却炉で最も多く使われているタイプのごみ焼却
炉（ストーカ炉；図 11.7）は、ごみをストーカ（ごみを燃焼させる部分＝
火格子）とよばれる炉の床に板を階段状に並べ、それを列ごとに小刻みに
動かして、ごみを徐々に撹拌しながら移動させ、ごみを燃焼させる仕組み
のものである。板前面の隙間から、高温に熱した空気を炉内に送り込み、
ごみを燃焼させる。ごみを移動させる速度や燃焼用空気の温度や量を調節
することによって、炉内の燃焼状態を安定させ、ほぼ完全にごみを灰まで

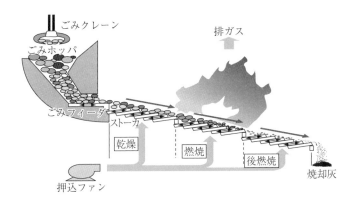

図11.7 ストーカ（火格子）炉の一構造

燃焼させることができる。

　毒性が強いダイオキシンは、ごみを低温で燃やすと発生しやすくなるため、800℃以上で焼却する必要がある。この従来型のごみ焼却炉の燃焼温度は900℃前後である。ごみの質や量に燃焼状態が左右されるため、700℃程度の低い燃焼温度になることもあり、低温燃焼ではダイオキシンが発生する問題があるため、燃焼管理が重要である。

　そこで、ダイオキシン対策のため、ごみを破砕、乾燥圧縮して不燃物を除き、消石灰などの添加物を加えて固形燃料化したRDF（ごみ固形燃料→図11.8）を発電やセメントや製鉄工場の燃料等に利用するシステムが、

図11.8 RDF（直径1〜3cm、長さ5cm程度）

全国の小規模な自治体で導入されてきた。通常のごみと比較して安定した燃焼が可能であるが、2003 年に三重県において RDF 貯蔵タンクの大規模な爆発事故が起きた。その後も全国で RDF 施設の火災・爆発事故などのトラブルが頻発している。また、通常の焼却に比べ経費がかさみ、RDF の販売が低調であるなど種々の問題がある。

　ほかに、ダイオキシンを出さないように高温で焼却する技術として「次世代型」と呼ばれるドイツで生み出された**ガス化溶融炉**がある。ガス化溶融炉は、図 11.9 に示すように、ガス化炉と溶融炉を組み合わせてごみ処理するシステムである。この図のようなガス化部と溶融炉部が分離している流動床式の他、キルン式、一体となっているシャフト式の 3 種類がある。ここで流動床式についてみると、まず細かく砕いたごみをガス化炉に入れ、下からごみの完全燃焼に必要な 30% 程度の空気を導入し、300～450℃ で不完全燃焼させて H_2 や CO などの熱分解ガスと金属に分離し、鉄とアルミを回収する。この状態ではガス中にダイオキシンなどの有害物質が含まれているため、次に右側の溶融炉に送り、ここでガスに点火して 1,300～1,400℃ 以上の高温で燃焼させる。高温燃焼であるため、灰は溶解し砂状

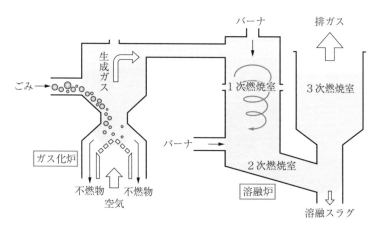

図 11.9　流動床式ガス化溶融炉のプロセスの例

のスラグとなり（つまり飛灰が環境に放出されない）、またダイオキシンは完全分解される。

　このシステムでは、灰は従来のストーカ炉の 1/10 程度まで減容化し、溶融スラグは、コンクリートブロックや路盤材などに再利用でき、さらに発生したガスや廃熱は、高効率発電などに利用することが可能であるといったメリットがある。しかし、ガス化溶融炉は大規模なプラントで、建設費・維持費とも巨額であるうえ、運転技術も複雑である。その上新技術のため稼動実績が少なく、RDF の場合と同様に、各地で爆発事故が相次いでいる。安全性や稼動特性のデータもまだ十分には蓄積されておらず、今後の課題が多く存在する。

　しかし、こうした問題がありながら現在、日本各地でガス化溶融炉も含

各国のごみ収集

　わが国での家庭ごみの収集は、夜間に収集している自治体は福岡市（夜9 時〜12 時にごみ出し）と近隣の春日市、太宰府市、大野城市や相模原市（一部地区）等きわめて少なく、通常、朝 9 時ごろから行われることが多い。ロンドンでも日本とほぼ同じ時間帯にごみ集積所にビニール袋に入れて出しておく方法である。ドイツでは朝早く、各家庭のごみを大きなプラスチックの容器に入れ戸外に出しておくと、朝 6 時ごろから、1 軒 1 軒、収集車がまわってきてごみを収集するシステムになっている。

　一方、台湾（台北市）にはごみ集積所がなく、日本よりやや大型のごみ収集車が、夕方 5 時から夜 11 時ごろまで大音量で音楽を流しながらまわってくる。そこへ、その付近の住民や店の人がごみを持って集まり、収集車にごみを直接放り投げる方式である。日本は自治体によって収集方法が異なるが、台湾では全国的に資源ごみと生ごみだけに分別し、一般の燃えるごみとは別に出す方式である。袋の中に資源ごみが入っているとその場で分別させられる。台湾では、2002 年からレジ袋も有料化の義務付けが始まった。

め、ダイオキシン対策が施された大規模なごみ処理施設が相次いで建設されている。その理由は、ダイオキシン対策上から、1997年、国は広い地域からごみを集め、24時間連続で、1日100t以上高温処理できる大規模施設の建設だけを補助金の対象にしたからである。その結果、排出されるダイオキシンは大幅に削減されたが、ごみ処理の問題がダイオキシン対策にすり替わり、大型のごみ処理施設のために大量のごみを集めなければならず、ごみの運搬や輸送コストなどの新たな問題が発生することになった。そこで、近年、これまでダイオキシン対策が難しいとされる小型ガス化溶融炉施設の研究開発が進められている。

11.4　循環型社会の法体系

2000年以降、**循環型社会形成推進基本法**を中心とした法律が整備されてきた（図11.10）。現在の廃棄物処理における焼却等による中間処理、焼却灰の埋立処理といったシステムは、最終処分場の制約から不可能になりつつある。そこで、中間処理にリサイクルを組み込み、焼却量、さらには最終処分量を減らす取り組みが広がり始めている。

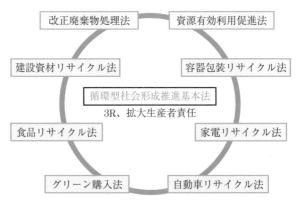

図11.10　循環型社会構築をめざすわが国の法体系

　家庭ごみにはガラスびんや金属缶、ペットボトル、紙やプラスチック製の箱、レジ袋、包装などの容器と包装材が容積比で全体の約60％（重量比で24％）を占めている。この中には有用な資源が含まれているため、分別収集して再生利用を図るための、**容器包装リサイクル法**（容リ法）が1997年に施行された。消費者が分別排出したものを市町村が分別回収し、関係事業者が再商品化する仕組みを規定している。その中でリサイクルが最も進んだものがペットボトルである。図11.11に示すように、1993年には、ペットボトルの生産量は12.4万tに対して、回収量は約530tに過ぎず、回収率はわずか0.4％であった。2016年には生産量59.6万tに対して、回収量53.0万t（市町村＋事業者回収分）、リサイクル率は88.9％まで上昇している。

　その他、アルミ缶、スチール缶、ガラスびんの3種のリサイクル率が特に高い。それぞれ自治体の分別回収が進んでいることと、リサイクル施設の整備・技術革新によって、再生原料としての質が向上していることによ

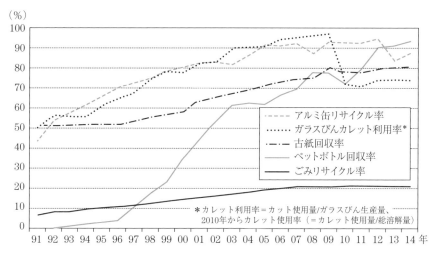

図11.11　リサイクル率の推移（環境省ホームページなど）

る。古紙の回収率も現在では80％を超えるまでに上昇したが、背景には古紙の引き取り価格の上昇がある。そのため、住宅地の新聞回収日に民間の回収業者が抜き取るケースが多くなり、回収を実施している地方自治体が対策を迫られている。これは、中国での古紙の需要が増え、輸出価格が上昇しているためである。

このような容器のリサイクル[1]は、一度原料に戻して再生製品を造る再生利用と、製品のまま繰り返して使用する再使用とに分けられる。例えば、ガラスびんのリサイクルには、リターナルびんを使う再使用と、一度ガラスくずに戻して新びんを造る再生利用の2通りがある。しかし、スチール缶をリサイクルに回しても、缶くずから再生されるスチールは品質が劣化するため再び缶にすることはできず、丸棒と呼ばれる建設用の材料にするしかない。この丸棒は20、30年後には建設廃材という廃棄物になり、缶が廃棄物になるのを先送りしているにすぎないともいえる。一般的に、再生利用よりも再使用の方が必要なエネルギーが少なく、環境にとって好ましい。

ペットボトルのリサイクルは、従来はペットボトルからは繊維やシートの再生産品ぐらいしか出来なかったが、食品（主に飲料）用として使用したボトルを再生し、再び食品用ボトルとして使用する「ボトル to ボトル」と呼ぶ技術が2003年に実用化されている。この技術は、廃ボトルを分子レベルまで化学分解した上で、ボトル用樹脂に再合成する方法であり、石油から作る場合に比べて、CO_2の排出量やエネルギー消費量なども大幅に低下するといわれている。また、最近、原料の原油の値上がりに対応するため、ペットボトルの軽量化が進んでおり、環境負荷低減の観点からも注目されている。

---

[1] 再使用は狭義ではリユースに分類されることもある。

　「改正容リ法」は 2007 年 4 月に施行され、スーパーなどの小売業者はレジ袋や紙製手提げ袋などの減量目標を自主的に定め、さらに大手の業者にはその実績を国に報告することを義務づけた。これによりレジ袋の有料化が始動したが、今後は環境先進国ドイツなどのように、企業ができるだけ包装を簡略化し、リサイクルすべきごみの総量を減らしていくことが重要である。

11.5　広がるリサイクル

（1）　家電リサイクル

　国内の使用済み家電製品（廃家電）は、一般廃棄物の約 1％にあたる約 60 万 t も発生し、従来小売業者や市町村で回収、市町村や民間の処理業者で破砕処理され、ごく一部の金属以外は埋め立てられてきた。廃家電は焼却しても減量が難しく、最終処分場のひっ迫や製品内部の有害物質による環境汚染の恐れのため、2001 年に**家電リサイクル法**が施行された。テレビ、冷蔵庫、洗濯機、エアコンの 4 品目（2009 年 4 月より薄型テレビと衣類乾燥機が追加）が対象となり、廃家電の収集と再利用をメーカーに義務付け、その経費を消費者が負担するシステムである。

　廃家電はリサイクル工場で解体された後、金属やガラス、フロンガスは新しい製品の原材料や部品として、また廃プラスチックは燃料になる。廃家電の中には、直接、中古市場を経て途上国へ輸出されるものが、年間数百万台もあると推定されている。経済産業省と環境省の推計によると、2005 年度の家電 4 品目の対象製品 2,287 万台のうち、約 5 割しかメーカーに引き取られておらず、残りは中古市場や海外（アジア諸国に 771 万台）に流れた。また、約 16 万台が不法投棄されていた。家電製品協会によると、2018 年度に約 1,356 万台が回収（回収率 59.7％）され、品目別の回収台数の割合は、エアコン 25.1％、ブラウン管式テレビ 7.6％、液晶・プラズマ

式テレビ 14.0 %、冷蔵庫・冷凍庫 24.7 %、洗濯機・衣類乾燥機 28.6 % であった。2001～2018 年度までに、対象機器の引取台数が累計で約 2 億 3,422 万台に達している。一方、家電製品の不法投棄は、法施行後、2011 年度まではおよそ約 15 万台で推移していたが、2012 年度以降は減少傾向になり、2018 年度は約 5.4 万台であった（環境省調べ）。品目ごとの割合は、エアコンが 1.9 %、ブラウン管式テレビが 40.1 %、液晶・プラズマ式テレビが 19.1 %、冷蔵庫・冷凍庫が 23.4 %、洗濯機・衣類乾燥機が 15.5 % でした。

　小型家電（携帯電話、デジタルカメラなど）は、**都市鉱山**とよばれ金や銅、レアメタルなどの有用金属を多く含む。一方、鉛などの有害な金属も含み、**小型家電リサイクル法**が 2013 年 4 月より施行された。2013 年度、全国 43 % の自治体が参加し、鉄、金、銀など約 7.5 t が再資源化された。2016 年度は、使用済み小型家電が家庭から約 57.6 万 t、事業所から約 2.1 万 t 排出され、そのうち約 10.5 万 t がリユース、約 22.9 万 t が再資源化、約 21.2 万 t が埋め立て等で最終処分されていると推計されている（資源・リサイクル促進センターによる）。

（2）　パソコンリサイクル

　パソコンは他の IT 機器と同様、製品になるまでに数百種類もの化学物質が使われる化学集約度が高い物質であり、各種の有害化学物質を含んでいる。したがって、使用済みパソコンについては焼却や埋め立てを極力避け、適正なリサイクルが必要である。資源有効利用促進法によって、パソコンについてもメーカーに使用済み製品の回収・再資源化が義務付けられた。事業系パソコンが 2003 年 4 月、家庭系は 2003 年 10 月から回収がスタートした。

　2018 年度における製造等事業者の事業系、家庭系パソコンを合わせた使用済パソコンの自主回収実績は、デスクトップパソコン（本体）が約 8.4 万台、ノートブックパソコンが約 17.5 万台、CRT ディスプレイ装置が約

1.5 万台、液晶ディスプレイ装置が約 13.3 万台であった。また、再資源化率（＝資源再利用量／再資源化処理量）は、全体で約 75％になっている（パソコン 3R 推進協会による）。

（3）　自動車リサイクル

2005 年 1 月に自動車リサイクル法が施行された。ユーザーは新車購入時か車検時、廃車時のいずれかにリサイクル料金（1〜2 万円）を支払う制度で、車の解体業者から出る「フロン」、「シュレッダーダスト」、「エアバッグ」の 3 品のリサイクルを自動車メーカーなどに義務付けている。2018 年度、国内で年間約 338 万台（約 5 割は中古車として途上国へ輸出）の廃車が発生し、車の不法投棄が法施行前（21.8 万台）に比べ、2018 年には約 98％減少（約 0.5 万台）した。

使用済み自動車は、まず自動車販売業者等の引取業者からフロン類回収業者に渡り、カーエアコンで使用されているフロン類が回収される。その後、自動車解体業者に渡り、そこでエンジン、ドア等の有用な部品、部材が回収、さらに、残った廃車スクラップは、破砕業者に渡り、鉄等の有用な金属が回収され、その際に発生するシュレッダーダストが、自動車製造業者等によってリサイクルされている。2018 年度の自動車破砕残さとエアバッグ類の再資源化率は、それぞれ 97.1〜98.7％および 94％に達している。

しかし、この法制度の問題点としては、事実上、輸出に回る車には法の効力がおよばないため、リサイクル料逃れの手段として輸出が増える懸念がある。事実、財務省の貿易統計によると、2014 年の中古車の輸出台数（128 万台）は、2005 年の約 1.4 倍と増えている。日本から輸出された新車や中古車の廃棄の時点まで、何らかの環境保全対策を、わが国が責任を持つような国際的な自動車リサイクルの仕組みを検討していく必要がある。

　以上、最近、リサイクルが始まった3品目についてその状況をみてきた。しかし、衣料品、携帯電話、モーターボートやヨットなどのプレジャーボート、医療廃棄物など、リサイクルが法制化されていないものも多く、今後の検討が必要である。

環境に優しい製品を選ぶLCAとは

　環境に優しい企業を認定する国際規格「ISO14001」では、**ライフサイクルアセスメント**（LCA）という評価法が標準である。これは、原料の調達から生産、廃棄に至る製品の一生の間を通じて、投入される資源や排出される環境負荷を数値で表わし、地球温暖化、酸性雨、オゾン層への影響、富栄養化、人間への毒性影響などを分析・評価する手法である（図11.12）。

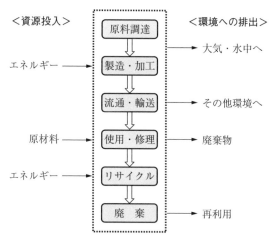

図 11.12　LCA の概念図

　欧州では、この「ISO14001」をその企業が取得しているかどうかを消費者が商品を選ぶ際の手がかりとして普及している。また、大手企業が素材や部品メーカーへ環境配慮を要請し、環境に影響の少ない資材やサービスを購入する**グリーン調達**が活発である。

　国内での資源循環を前提とした現行制度の問題点に関連して、最近、ペットボトルや他のプラスチック容器、古紙などが、中国などアジアで再商品化需要が急速に高まり、輸出が急増している。ペットボトルの場合、前述した「ボトル to ボトル」の最新鋭のリサイクル工場に、使用済みペットボトルが集まらず、操業がストップするという事態になっている。容リ法では、使用済みペットボトルは、国内でコストをかけて処理することを想定しているが、これが資源としての価値を持ち、法の前提を離れて国際的に流通し始めている。製紙原料の6割を占める古紙の場合も、かつてはほぼ全量を国内で再利用していたが、中国などでダンボール原紙や白板紙の原料として古紙の需要が増大し、現在は約1割が輸出されている。このような資源の海外流出に対して、国内のリサイクル体制をどのように維持・発展させていくべきかが今後の大きな課題である。

（4）　新たな廃棄物処理の取り組み

　国内で排出される廃プラスチックの約70％以上が、これまで焼却・廃棄されてきているが、製鉄産業では鉄鉱石の還元剤（酸化鉄から酸素をとり鉄にする）としてのコークスの代わりに廃プラスチック（食品や日用品を包んでいたもの）を用いる方策が開発され、産業廃棄物の中間処理リサイクル施設として稼動している。

　セメント産業は、使用する原料や燃料に幅があるという特性を活かし、火力発電所からの石炭灰、自動車の廃タイヤ、鉄鋼業からのスラグ、廃プラスチックなどの産業廃棄物を、原料や燃料として利用する方法が進んでいる。2010年度のデータでは、約5,600万tのセメント生産量に対して、約2,500万tの産業廃棄物が使用されている。

　一方、生産活動から出る廃棄物を最小化し、循環型社会を目指す取り組みに国連大学が提唱している**ゼロエミッション**がある。この考え方は、生態系の食物連鎖などからヒントを得ており、具体的には、生産活動によっ

て排出される不用物や廃熱を、他の生産活動の原材料やエネルギーとして利用し、環境への排出量をゼロにしようとする試みである。この構想を実現するためには、これまで関係の薄かった異業種企業間の情報交換や、親密な連携が重要になってくる。図11.13には、世界で最も早くこの考え方を実現したデンマークのカルンボー市の工業団地での成功例を示す。火力発電所を中心として、企業、行政および市民が協力して1つの資源循環型産業群を形成し、経済成長と環境問題の両立を図るシステムとしてうまく機能している。

　さらに、この考え方を社会一般に広げ、これまでの「生産→消費→廃棄」の一方通行型の経済—産業システムに対して、循環の環をつくる国の**エコタウン**構想が試みられ始めている。現在、札幌市、川崎市、富山市、北九州市など全国で26箇所のエコタウン地域が稼働している。各地域では、それぞれ独自の資源リサイクル工場を誘致・設立し、自動車、タイヤ、プラスチック、OA機器、空き缶やペットボトルのリサイクル、生ごみの堆肥化・生分解性プラスチックの製造やごみ発電などを行っている。いずれの地域においても、今後の成功の鍵は、採算性の確保である。

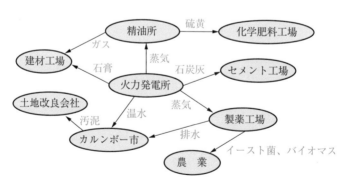

図11.13　カルンボー市（デンマーク）のゼロエミッションの例

演習問題

11.1 近年リサイクルの注目が都市鉱山の異名を持つ携帯電話に集まっている。その理由とそのリサイクルのプロセスについて調べよ。

11.2 日本で1年間に出る一般廃棄物（家庭やオフィスから出るごみ）の量は、重量では約4,300万t（2017年度）であるが、体積で東京ドーム（124万m³）何杯分になると推定されるか。ただし、粗大ごみのようにかさ張るものが多いので、ごみの密度を$0.3\,\mathrm{g/cm^3}$と仮定して計算せよ。

11.3 四国山脈の山あいにある人口約1,500人（2019年）の徳島県勝浦郡上勝町の家庭ごみの分別種類数は34種類と日本一多いが、その内容を調べ、横浜市や名古屋市などの大都市の場合と比較せよ。

11.4 2017年度わが国のごみ処理にかかる経費の総額は、1兆9,745億円であり、国民1人当たりに換算すると、1万5,500円となっている。横浜市のごみ処理経費は年間458億円に達し、1人当たり1万2,300円になっている（2015年度）。各自の市町村のごみ処理経費を調べ、比較せよ。

11.5 ゼロエミッションがうまく機能しなくなる原因としてどのようなものがあるか考えよ。

11.6 北九州市のエコタウンについて、どのような取り組みが行われているか
　　　調べよ。

11.7 パソコンの製造工程および製品中には、どのような金属・有害物質が含
　　　まれているか調べよ。

11.8 図 11.1 のデータを 2000 年度（平成 29 年版環境白書 p.173 を参照）と比
　　　較して、違いを考察してみよ。

12 江戸のライフスタイル

　人口が約 3,000 万人で横ばいだった江戸時代、18 世紀初めから 19 世紀前半の日本が今見直されている。そこでは、比較的豊かな生活水準を保ちながら、限られた資源を有効に使い回す"循環型社会"が成立していた。経済と人口の成長が、環境・エネルギー面の制約から臨界点を迎えつつある現在、当時のライフスタイルが 21 世紀に生きる私たちに大きなヒントや知恵を与えてくれるであろう。

12.1　江戸時代の人口

　自然環境を破壊する危機の最も重要な要因の 1 つは、人口増加であることを 1 章で述べた。明治以降、130 年余りにわたって日本の人口は 3 倍以上に増加した。その反面、人口増加に伴って猛烈な勢いで開発が進められ、自然環境は大きく変貌した。

　現代の日本は少子高齢化が進み、2008 年の 1 億 2,808 万人をピークに減少に転じ、現在、人口減少社会になったが、日本列島の人口が、縄文時代からこれまでどのように変化してきたかをまとめたものを表 12.1 に示す。弥生時代から奈良時代にかけてと、安土桃山時代から江戸時代前期にかけて大きな人口増加が推定されている。

　織豊政権の天下統一を引き継ぎ、長い戦乱の時代に終止符を打った徳川政権下、人口と経済は成長の軌道に乗った。平和な時代になって 1721 年

表 12.1　日本における過去 1 万年の人口変動

縄文時代		10 万人
弥生時代		60 万人
奈良時代	（8 世紀）	500 万人
平安時代	（10 世紀）	650 万人
鎌倉時代	（12 世紀）	700 万人
安土桃山	（1600 年）	1,200 万人
江戸時代	（1721 年）	3,100 万人
	（1846 年）	3,200 万人
明治時代	（1904 年）	4,600 万人
昭和時代	（1936 年）	6,900 万人
平成時代	（2012 年）	1 億 2,665 万人

まで 100 年間に人口は 2 倍以上に増加したが、江戸時代の人口のピークは 1730 年代であり、幕末まで約 3,000 万人の人口でほぼ横ばいであったと推定されている。この時代は、鎖国により海外からの人口流入が全く無く、国内の自然増加による人口の増加のみであって、それを可能にしたのは、国内の農業生産力の向上だけであった。すなわち、江戸時代は国外からの食料や材料、エネルギー資源などの輸出入が全く無い、自然のエネルギーと有機的エネルギーのみに依存した 1 つの閉鎖した社会経済システムであった。そこでは、物のリサイクルが徹底的に行われ、当時の技術とエネルギー事情から、日本の国土の生産性ぎりぎりの水準で人口を養っていたと考えられる。17 世紀末から 18 世紀初頭には、幕府や各藩による厳しい資源管理[1]が行なわれ、その上、人口増加が停滞したことにより、その後、幕末まで自然環境は良好な状態で保全された。

　江戸時代の末期、鎖国時代の日本にオランダ商館の医師兼自然調査官としてやってきたドイツ人、シーボルト（Siebold；1796〜1866）は、帰国

---

[1] たとえば 1666 年、幕府は「諸国山川掟（しょこくさんせんおきて）」という触れを諸国の代官に発令した。これは、土砂流出と洪水を防ぐため、草木を根こそぎ取ることを禁止し、川上で植林を行うことなどを命じている。

後に著書「NIPPON」をまとめた。NIPPONは欧米人にとって東洋の未知の国だった日本を知るバイブルになり、黒船のペリー提督もこの本を見て日本に来航したといわれる。外国人の移動が厳しく制限されていた鎖国の時代、彼は、4年に一度行われた将軍謁見のための江戸参府の旅（1826年）で江戸まで徒歩で進んだ約2か月の道中、日本で出会った様々な動植物や美しい景色に驚嘆した。ヨーロッパでは絶滅していた生きたオオサンショウウオや、その後日本で絶滅してしまったニホンオオカミ、ニホンカワウソなどの貴重な標本をシーボルトは持ち帰り、オランダ・ライデンの国立自然史博物館にシーボルト・コレクションとして残っている。

　当時のヨーロッパ人の物の見方では、自然は文化や文明に対立する征服すべき対象であった。それに対し、シーボルトは自然を暮らしの一部とみなし、自然を生かしながら恵みをいただく日本人の技と美しさに驚き、感動した。例えば、水田と灌漑のシステムや湧き水を守り、その恵みを巧みに利用したり、動物に対する殺生が戒められ、トキなどがよく保護されていたり、山そのものも神と崇め、むやみに木を切ることが禁じられ、水辺には河童が住み悪さをする人間を懲らしめると信じられた。

　しかし、江戸時代には樹木を薪や炭など燃料として利用したほか、肥料としても草を刈っていたため、里山とよばれる人々が暮らす周辺の山では、日本各地どこでも草木が少ない山が多かったとされる。例えば、100年ほど前までの比叡山は、はげ山同然だったが、明治末期ごろから徐々に植林が進み、緑が回復していった。当時の人々の日常生活は、その後、明治以降の工業化と都市化によって一面では向上し、便利で快適なものになったが、失ったものも少なくない。

12.2　江戸の暮らしとリサイクル

江戸時代の時間・時刻は、日の出と日没を基準として、昼間と夜間をそ

れぞれ6等分する不定時法が採用されており、人口の8割が村に住む農民であり、残りの武士、職人や商人が江戸などの町に暮らしていた。江戸後期、江戸の総人口は100万を超えたとみられているが、武士と町人の人口はほぼ同じであり、江戸の面積の約20％の狭い地域に50万人の町人たちが暮らしていた。

　町人の住まいはほとんどが長屋（コラム"葛飾北斎"の住まい）であり、行灯（菜種油や魚油などを燃やして火をともす）やろうそくで明かりをとり、炊事には薪を用いていた。一方、農家では、"いろり"で暖をとると同時に調理もしていた。夏場には、うちわや行水、打ち水などで暑さをしのいでいた。現在、1年間に日本で用いられる電気、ガス、ガソリンなどのエネルギーの総量は石油換算で1人当たり、4.1tといわれるが、江戸時代は化石燃料の使用量はほぼ0であり、身近な自然のエネルギーを使用し、また、物を大切にするリサイクル社会であった。

　身のまわりの物のほとんどが貴重であった当時の人々は、同じモノを繰り返し長く使っていた。布地の供給が限られていたため、衣類はきわだって高価であり、越後屋や白木屋などの大店の呉服屋は、売るのは着物ではなく反物であり、客は上級武士や裕福な町人などが反物をえらび着物をあつらえた。庶民の普段着は古着が普通であり、柄の違う布で継ぎをあてたり、季節により綿を入れたり抜いたりして、同じ着物を一年中着ていることも普通であったとされる。

　当時、江戸では、蕎麦屋の数より「古着屋」の方が多かったともいわれている。古着については、問屋から仲買、小売までの流通経路が確立し、古着が生活に浸透していた。古着は、さらに古くなって繊維が傷むと、寝巻き、それから赤ん坊のオムツ、その後は雑巾、最後は風呂の炊きつけ燃料として徹底的に利用されていた。また、細かいはぎれ専門の行商人も存在していた。

| 鋳かけ（いかけ） | 箍屋（たがや） | 紙屑買い |

| 古着屋 | 灰買い | 下肥を運ぶ農民 |

図 12.1 江戸の町のリサイクル業者

　古着の場合のように、江戸時代のモノのリサイクルには種々の職人や商売人が携わっていた（図 12.1）。この時代の現在からみたリサイクル関連の業者はおよそ３つに分けられる。日用品の修理・修繕業、くず類の回収業、古着屋などの中古品の販売業である。

　修理・修繕業には穴があいたり欠けた古い鍋や釜を、ふいごと炉を用いて道端で修繕した「鋳かけ屋」、ゆるんでしまった桶や樽のたがを新しい竹で締め直した「箍屋（たがや）」などがあった。現代とは違って、当時は物が壊れたとき、買い替えよりも修理費が安くついたため、できるだけ修理・修繕して、長く使い続けたのである。

　回収業には、肥料となる灰を天秤棒をかついで各戸から買い集め、仲買人や灰問屋に売る「灰買い」、その他「蝋燭の流れ買い」、「古傘買い」、「紙屑買い」などの商売があった。現代でも古紙の回収は行われているが、当

時、紙は貴重品で余白がほとんどなくなるまで繰り返し使用し、それを保管しておいて紙屑買いに売っていた。買い取られた紙は千住宿に送られ、近在の農家で漉き直して便所用の悪紙に再生された。

　他にも古い金属類と飴を交換してまわる「とっかえべえ」や、かつらに利用するため抜け落ちた毛髪を「落ちはないか」と声をあげて買い集めた「おちゃない」とよばれた業者などが生計をたてていた。江戸の人口は全国の4%余りであったが、各藩の消費資金の五割以上が江戸で使われたといわれ、こうした物資が集中し、流通していた背景があったため、現在からみてリサイクル関連の商売が盛んであったといえよう。

12.3　江戸のごみ処理システム

　江戸は当時、世界一人口の多い都市で、1725年に約102〜112万人、1853年に約115〜125万人が生活していたと推定されている。一方、1801年におけるロンドンが約86万人、パリが約67万人であった。人口の約3%が江戸に集中したことで、根底にはごみ処理や水不足といった問題をかかえていた。

　当時の江戸で、ごみと呼べるのは厨芥（生ごみ）や塵芥程度のものであったが、人口が多いため、全体として膨大な量になった。芥取請負人という仕事があり、彼らが町内から回収したごみは、船で隅田川河口へ運び、海岸の埋め立てに用いられるというシステムであった。例えば、歌川広重『名所江戸百景』の「深川洲崎十万坪」は、ごみの埋め立てで造成された土地であった。

　しかし、隣町との境の土地、窪地となっていた空き地や水路には、ごみがあふれ不法投棄が絶えなかったという。幕府は1655年にごみ処理についての触書を出し、第一条でごみを永代島沖（深川一帯にひろがっていた湿地帯）に捨てるよう命じている。町中の塵芥は勝手に捨てるのではなく

請負業者に任せることになり、幕府指定のごみ取り船が、月に3回、町内のごみを載せて永代島に捨てに行くという手順になっていた。このころからごみによる東京湾の埋め立て事業が始まり、木場、砂町、東陽町、越中島などの埋立地ができあがった。ごみの集積所も固定化され、それ以外の場所に捨てると処罰されるようになり、約20年間で江戸のごみ処理システムが完成した。

　一方、廃棄物については、人間の排泄する「し尿」の処理が最も重要であった。化学肥料がなかったこの時代、排泄物のほとんどすべてが、最終的には肥料となった。肥料としてのし尿（下肥）は、米、藍、綿などの商品作物や農村の野菜づくりが拡大したため慢性的に不足となり、し尿は値段の付く商品として、金銭や大根と交換されて、江戸の町と近郊の農村との間で循環システムが成り立っていた。肥汲みに従事した農民は、江戸の東郊では船、西郊では馬で野菜を江戸の町に運び、糞尿を汲み取って村に戻っていた。し尿の代価は庶民の住む長屋では、家主から管理を任されていた家守（大家）の取り分になっていた。また、上方ではリサイクルがさらに徹底されており、近郊の農家が畑の肥料として、街角で尿と野菜を交換する独特の風習があった。

12.4　江戸の上下水道システム

　当時、江戸は大規模な水道網を持つ、世界でも有数の都市であった。1590年の徳川家康の江戸入城時、低地で海を埋め立てた江戸の地は、井戸を掘っても水質が悪く、飲用には適さなかった。そこで、水源を「井の頭池」（現在の井の頭恩賜公園）とした「神田上水」が日本最初の水道事業として1590年に着工され、木管で67kmにもわたる水道であった。

　その後、江戸幕府が開かれると、一気に人口が増え、神田上水だけでは水不足となったため、1653年に、多摩川を水源とする「玉川上水」の工

事が開始され、羽村から四谷大木戸まで約 43 km の水路をたった 8 ケ月で完成させた。江戸時代の水道は重力のみを利用し、上流から下流までわずか 92 m の高低差を巧みに使って、5 代将軍綱吉のころには既に 100 万人に達していた人口の約 60％に水道を供給していた。この神田上水と玉川上水は、明治 32 年（1899 年）まで使われていた。しかし、この時代、水道水はまだ貴重であり、町人にかぎらず武士を含めた多くの住民が、水道水は飲用のほか使わず、雑用水はすべて井戸水を使っていた。

　一方、下水については、し尿類は下肥として農村に還元されていたため、汚水を捨てる水路を下水としていた。この下水にはいくつか種類があり、表通りの家々の軒からの雨水を受ける「表の下水」と、裏長屋の「裏々の下水」の他、大下水、小下水と、場所や用途により分けられていた。最終的には、汚水は小下水から大下水に入り、堀や川に流されるシステムが形成されていた。これらの下水は元々、有機物による汚染度が低く、環境中の動植物の力や流水の自浄作用で十分浄化できるものであった。

　この時代、パリなどのヨーロッパの大都市では、上水道のほか下水道も建設されていた。1740 年にパリの大環状下水道が完成している。しかし、この下水道はしゅんせつがあまり実施されなかったので、ひとたび雨が降ると汚濁物が堆積し、疫病の巣窟になってしまうという大きな問題点があった。また、当時は汚水を処理する技術がまだなく、パリでは結局、汚水はそのままセーヌ川に放流され、そのすぐそばで、セーヌ川の水をくみ上げて飲料水にするという事態に陥っており、1832 年のコレラ流行以降まで、改善はみられなかった。ビクトル・ユーゴーの名作『レ・ミゼラブル』の中には、パリにおける糞尿問題をとりあげた章があり、中国では肥料に還元されている糞尿が、フランスでは無駄に流されており、「パリは年に 2,500 万フランの金を水に投じている」と指摘している。また 1600年頃のロンドンの労働者住宅には十分な数の便所がなく、2 階の窓から便

器にためた糞尿を道に投げ捨てていたといわれる。こうしてみると、この時代、日本の都市環境はヨーロッパよりも良好であり、17世紀のロンドンやパリと比べれば、はるかに清潔で快適であったといえるであろう。

"葛飾北斎"の住まい

　「富嶽三十六景」などを代表作とする、フランス印象派にも影響を与えた浮世絵師、葛飾北斎（1760〜1849）は、江戸時代のほぼ3分の1を生きた。誕生は徳川吉宗の死後10年たらず、田沼意次が頭角を表わしてきたころである。江戸幕府の終焉、ペリー来航の4年前に90歳で没した。その住まいの様子が、両国の江戸東京博物館に復元されている。晩年は病で床に伏し、ノミやシラミに悩まされたようで、布団の他には家財道具はほとんど何もない。あの大絵師の数多くの作品からはまったく想像できないほど赤貧な生活がみてとれる。終焉の地の浅草聖天町遍照院の裏長屋（表通りの裏手の路地中に建てられた長屋で、おもに職人や日雇人夫、最下層の武士などが住んだ）が93度目の転居先であったそうで、家財道具は一切持たず、画材道具だけ抱えて気の向くまま借家を転々としていたそうである。

図12.2　北斎と娘の裏長屋での生活ぶり（江戸東京博物館展示：Ⓒ「北斎の画室」）

演 習 問 題

12.1　17世紀のパリやロンドンのし尿の処理がどのように行われていたか、江戸の場合と比較してみよ。

12.2　江戸の町を巡回していたリサイクル業者の中には、戦後のわが国でも昭和30〜40年代ごろまでほぼ同じ形で存在した職業があった。どのようなものがあったか調べてみよ。

12.3　現代の日本が使い捨て社会になってしまった理由を、江戸時代と対比して考えよ。

12.4　エネルギーと資源の消費の面から、当時の江戸と現在の東京のわれわれの生活スタイルを比較してみよ。

12.5　江戸時代に急速で過度な新田開発が行われ、環境破壊の問題がいろいろ出ていたといわれる。当時、どのような状況であったか調べてみよ。

12.6　地球温暖化対策の一つとして、サマータイム（夏時間制度）の導入が議論されている。江戸時代は、このシステムに近かったといわれるが、どのようなものであったか調べてみよ。

12.7　日本の人口は有史以来、一貫して増加し続けてきたが、現在、総人口が減少する「少産多死」の時代に入った。人口減少が環境に及ぼす影響について考察せよ。

おもな参考文献

[1] 鈴木孝弘：『よくわかる環境科学 地球と身のまわりの環境を考える』オーム社（2019）。

[2] 鈴木孝弘：『新・地球環境百科』駿河台出版社（2009）。

[3] 清田佳美：『水の科学（第2版）―水の自然誌と生命、環境、未来―』オーム社（2020）。

[4] 吉原利一：『地球環境テキストブック 環境科学』オーム社（2010）。

[5] 松田博之（監訳）：『最新環境百科』丸善（2016）。

[6] 北村喜宣：『環境法』有斐閣（2015）。

[7] 山谷修作：『ごみ有料化』丸善出版（2007）。

[8] 山谷修作：『ごみ見える化―有料化で推進するごみ減量』丸善出版（2010）。

[9] 山谷修作：『ごみ効率化 有料化とごみ処理経費削減』丸善出版（2014）。

[10] 山谷修作：『ごみ減量政策 自治体ごみ減量手法のフロンティア』丸善出版（2020）。

[11] 太田和子、臼井宗一、山中冬彦：『私たちと環境』東京教学社（2015）。

[12] 矢野恒太記念会：『日本国勢図会 2018/19年版』（2018）。

[13] 朝日新聞科学医療グループ（編）：『やさしい環境教室 環境問題を知ろう』勁草書（2011）。

[14] 岡本博司：『環境科学の基礎 第2版』東京電機大学出版局（2011）。

[15] J.E. アンドリューズ、P. ブリンブルコム、T.D. ジッケルズ、P.S. リス、B.J. リード：『地球環境化学入門・改訂版』丸善出版（2012）。

[16] 御園生誠：『化学環境学』裳華房（2007）。

[17] 環境省編：『環境白書/循環型社会白書/生物多様性白書（令和元年版)』日経印刷（2019）

[18] ニッキー・チェンバース、クレイグ・シモンズ、マティース・ワケナゲル：『エコロジカル・フットプリントの活用』インターシフト（2005）。

[19] 国立天文台編：『環境年表 2019―20』丸善（2018）。

[20] 川合真一郎、張野 宏、山本義和：『環境科学入門 第2版：地球と人類の未来のために』化学同人（2018）。

索 引

MEMO

MEMO

写真提供：p.201「北斎の画室」

江戸東京博物館

〒130-0015　東京都墨田区横網 1-4-1
電話：03-3626-9974（代表）　FAX：03-3626-9950（代表）

● **著者紹介** ●

鈴木孝弘（すずき たかひろ）
工学博士

1956年　静岡県浜松市生まれ
1984年　東京工業大学大学院化学環境工学専攻博士課程修了
　　　　（工学博士）
1984年　静岡県庁生活環境部 主事
1989年　東京工業大学工学部化学工学科 助手
1994年　東京工業大学資源化学研究所 助教授
　　　　（大学院化学環境工学専攻併任）
2002年　東洋大学経済学部経済学科 教授
専門　環境科学、データサイエンス、生物工学、環境経済など
著書　『新・地球環境百科』（駿河台出版社）
　　　『生命と健康百科』（駿河台出版社）
　　　『新しい物質の科学 (改訂2版) —身のまわりを化学する—』（オーム社）
　　　『社会経済システムとその改革 —21世紀日本のあり方を問う』
　　　　　　　　　　　　　　　　　　　　　　（NTT出版、共著）など

［新版］
新しい環境科学 —環境問題の基礎知識をマスターする—
(Introduction to Modern Environmental Science)

2021 年 3 月 22 日　新版 初版発行
2022 年 8 月 30 日　新版 3 刷発行

著者　　　　ⓒ鈴木 孝弘

発行者　　　　井田 洋二

発行　　　　株式会社 駿河台出版社
　　　　　　〒 101-0062 東京都千代田区神田駿河台 3-7
　　　　　　TEL 03-3291-1676 / FAX 03-3291-1675
　　　　　　http://www.e-surugadai.com

製版・印刷　　美研プリンティング ㈱